21世纪高职高专教学做一体化规划教材

# Java 程序设计

主　编　杨秀杰　李法平

副主编　芮素娟　陈　平　廖玉霞

中国水利水电出版社
www.waterpub.com.cn

## 内 容 提 要

本书对面向对象的思想和机制进行了准确而透彻的剖析，为读者深入学习 Java 语言程序设计提供了全面、详细的指导。采用 Java 编程语言，详细介绍了 Java 的程序逻辑、面向对象程序设计基础、面向对象基本特性、常用对象的使用、异常处理、输入输出操作、多线程编程、GUI 可视化界面编程等知识，使广大读者能够掌握 Java 面向对象程序设计的基本技能。

全书采取统一案例设计教学情境，每个章节是任务子情境分解，教材有机反映教学任务和工作任务，以真实工作任务带动全书各章节，让读者身临其境，真实感受过程。书中在每个子任务中都补充了针对本节主题的应用实践，以满足不同程度的读者需求，并应用所学的技术解决实际应用程序开发中遇到的问题。

本书既可以作为高等院校相关专业程序设计的教材，也可以作为 Java 语言的初学者、科技人员和软件开发人员的参考书。

**本书配有电子教案和源代码，读者可以从中国水利水电出版社网站和万水书苑免费下载，网址为：http://www.waterpub.com.cn/softdown/和 http://www.wsbookshow.com。**

**图书在版编目（ＣＩＰ）数据**

Java程序设计 / 杨秀杰，李法平主编. -- 北京：
中国水利水电出版社，2012.8
21世纪高职高专教学做一体化规划教材
ISBN 978-7-5084-9938-3

Ⅰ．①J… Ⅱ．①杨… ②李… Ⅲ．①
JAVA语言－程序设计－高等职业教育－教材 Ⅳ．①TP312

中国版本图书馆CIP数据核字(2012)第147390号

策划编辑：寇文杰　责任编辑：李 炎　加工编辑：李 冰　封面设计：李 佳

| 书　　名 | 21 世纪高职高专教学做一体化规划教材<br>**Java 程序设计** |
| --- | --- |
| 作　　者 | 主 编 杨秀杰 李法平<br>副主编 芮素娟 陈 平 廖玉霞 |
| 出版发行 | 中国水利水电出版社<br>（北京市海淀区玉渊潭南路 1 号 D 座　100038）<br>网址：www.waterpub.com.cn<br>E-mail：mchannel@263.net（万水）<br>　　　　sales@waterpub.com.cn<br>电话：(010) 68367658（发行部）、82562819（万水） |
| 经　　售 | 北京科水图书销售中心（零售）<br>电话：(010) 88383994、63202643、68545874<br>全国各地新华书店和相关出版物销售网点 |
| 排　　版 | 北京万水电子信息有限公司 |
| 印　　刷 | 三河市铭浩彩色印装有限公司 |
| 规　　格 | 184mm×260mm　16 开本　12.75 印张　312 千字 |
| 版　　次 | 2012 年 8 月第 1 版　2012 年 8 月第 1 次印刷 |
| 印　　数 | 0001—2000 册 |
| 定　　价 | 26.00 元 |

# 前　言

Java 语言是 Sun 公司推出的一种面向对象的、多线程的、交互式的编程语言，它功能强大，表达能力强，应用广泛，是当前最为流行的编程语言。Java 语言的平台无关特性非常适用于网络和分布式应用，因此一经推出就倍受青睐。其卓越的设计思想也使 Java 成为国际互联网中的"世界语"，并将网络的发展带入了一个新纪元。

本书从 Java 的基本概念入手，介绍了面向对象程序设计的主要原理和方法，以及 Java 最主要的核心技术，并作了较深入的讨论。书中以真实工作任务——某企业的员工工资管理系统为主线，结合各章节的知识点，分解成为 23 个子情境，采用任务驱动式的讲解方法，使读者能在掌握理论的同时，具有一定的面向对象设计、开发能力，为大型软件的研究、设计打下基础。书中的子情境都经过精心的挑选和设计，既要突出阐明原理和方法，又要保证有一定的实用性，同时也要确保一定的广度和深度，在难易程度上遵循由浅入深、循序渐进的原则。在设计任务的过程中不仅注意到了让读者能从运用中举一反三，还尽可能地站在读者的角度去体会 Java 语言的精髓，并可以直接根据这些源程序来快速编写 Java 程序，直接切入相关应用。

本书第一章通过搭建 Java 开发环境、体验 Java 程序开发过程、Java 语句三个子任务来理解 Java 与程序逻辑。第二章介绍面向对象程序设计基础，如常见类和对象，理解类的方法。第三章介绍面向对象的基本特性，以类为中心详细讨论面向对象技术的封装、继承、接口和动态等特征以及它们在面向对象程序设计中的具体应用。让读者可以掌握 Java 语言和面向对象程序设计的精髓。第四章帮助读者掌握常用对象的使用，如数组对象、集合、字符串的应用。第五章介绍异常处理。第六章通过文件管理、流操作文件、对象的存储三个子任务，让读者掌握文件输入输出操作的基础，也是后续的 Java 高级编程的基础。第七章介绍 Java 多线程编程，结合第五章的异常处理，可以编写出功能复杂的多线程程序，又能保证程序有足够的强壮性。第八章介绍 GUI 可视化界面设计编程实现，通过完成任务，读者可以编写出丰富多彩的程序界面，使开发的应用程序有较漂亮的外观。

在本书的每个章节中，还配有应用实践和课后习题，以便于读者能更好地学习和掌握 Java 的技能和操作。

本书具有以下特色：

（1）理论与实践结合。结合书中的各个子情境对相关的理论知识进行系统地介绍。

（2）介绍 Eclipse 这个 Java 集成开发环境。

（3）本书讲解力求简练、准确，强调知识的层次性和连贯性，应用实践和习题丰富实用，注重学生能力的培养。

（4）本书内容通俗易懂、图文并茂，以任务为主，介绍了 Java 程序设计的各种方法和技巧。

（5）本书中的大量子情境和实例都经过作者在 Eclipse 中测试通过。

本书既可以作为高等院校相关专业程序设计的教材，也可以作为 Java 语言的初学者、科技人员和软件开发人员的参考书。

本书由重庆电子工程职业学院计算机应用系杨秀杰、软件工程系李法平主编，芮素娟、陈平、廖玉霞任副主编。

由于时间仓促，作者水平有限，书中难免存在疏漏和不足，恳请读者批评指正，使本书得以改进和完善。

作者

2012 年 6 月

# 目　录

# 第一章　Java 与程序逻辑

Java 是一种纯面向对象的语言，有着严格的语法结构和丰富的数据支持，任何传统编程语言能创建的应用程序，都可以使用 Java 进行开发。

在丰富多彩的编程世界，平时熟悉的网络游戏、聊天工具、播放器、杀毒软件等都称为计算机程序，那么如何编制出属于自己的程序呢？作为 Java 语言开发人员，迫切的任务之一就是如何搭建 Java 开发环境，能够利用搭建的环境进行程序开发。

学习完本章节，您能够：

- 搭建 Java 开发环境。
- 创建第一个 Java 体验程序。
- 运行及调试 Java 程序。
- 掌握 Java 数据类型。
- 掌握运算符及表达式。
- 掌握 Java 基本语句。

## 任务 1.1　搭建 Java 开发环境

### 1.1.1　情境描述

Tom 承接了某企业的员工工资管理系统，主要管理企业的 A、B、C 类员工的工资。由于 Java 语言及 Java 平台的特性，客户要求采用 Java 进行软件开发。作为一个 Java 程序员，Tom 需要在其计算机上搭建 Java 开发环境，他需要实现以下任务：

（1）安装 JRE、JVM、JDK。

（2）配置 Java 环境变量。

（3）使用 Eclipse 工具验证 Java 开发环境。

### 1.1.2　情景分析

企业工资管理系统属于软件开发范畴，针对软件开发而言，可以采取不同的计算机语言实现。Tom 采用 Java 语言实现，因此针对 Java 语言开发软件系统而进行的环境搭建工作将是编程之前必须解决的任务。

采用 Java 来进行企业的员工工资管理系统开发，首先在计算机上安装 Java SE6.0 版本（采取 Windows 开发 Java，则需要下载 Windows 对应的版本，同时需要注意操作系统的位数），其下载地址为：http://www.oracle.com/technetwork/java/javase/downloads/index.html。

采取 Eclipse IDE 开发 Java 程序，则需要到http://www.eclipse.org/downloads/下载，为了后期 Java EE 开发方便，Jack 选择了 "Eclipse IDE for Java EE Developers" 32 位机版本。

### 1.1.3　解决方案

在成功安装 Java SE 之后，计算机系统将具备 JRE、JVM 及 JDK 环境，这时您需要在环境变量中配置 path 和 classpath 环境变量；如果您认为环境变量的配置比较复杂，可以通过安装 Eclipse、Netbeans 等 IDE 软件来进行 Java 程序开发。

Jack 首先将 Java SE6.0 的安装包及 Eclipse 的安装包从不同的网站下载到本地计算机，在安装的时候，他先将 Java SE6.0 安装到 D:\Program Files\Java，之后手工配置了环境变量，并利用事先准备好的 java 程序验证了环境的正确性。为了简化开发，Jack 将 Eclipse 下载包解压放置到 D:\Eclipse 盘根目录下，通过运行 Eclipse IDE，执行已准备好的 Java 程序，确定 JDK 及 IDE 环境的正确性。

方法一：JDK+控制台模式搭建开发环境

（1）打开下载 JDK6.0 的文件夹，双击 JDK6.0 安装包进行安装，稍等片刻，进入下一步，如图 1-1 所示。

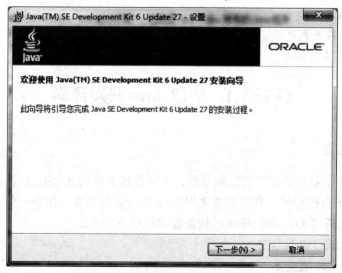

图 1-1　导航进入界面

（2）在对话框中，设定安装的组件和安装软件的路径。如果要重新设定安装的组件，可以单击组件名前的黑色小三角，打开下拉列表，选择是否安装。建议安装所有 Java 组件。如果要重新设定安装的路径，可以单击【更改(A)...】按钮，从弹出的对话框中选择文件的安装路径。我们可以在计算机的任何地方安装 JDK6.0，但对初学者来说，最好使用安装程序指定的默认路径。如图 1-2 所示。

（3）单击【下一步】按钮，稍等片刻弹出与上一图相似的对话框，单击【下一步】，开始安装。如图 1-4 所示。

JDK 安装完成之前，系统提示安装 JRE，如果要重新设定安装的路径，可以单击【更改(A)...】按钮，从弹出的对话框中选择文件的安装路径。我们可以在计算机的任何地方安装 JRE，本次安装将路径修改到 D:\Program Files\Java\jre6\。如图 1-5、图 1-6 所示。

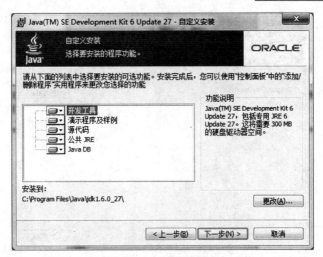

图 1-2　JDK 安装界面

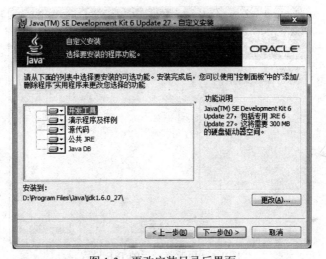

图 1-3　更改安装目录后界面

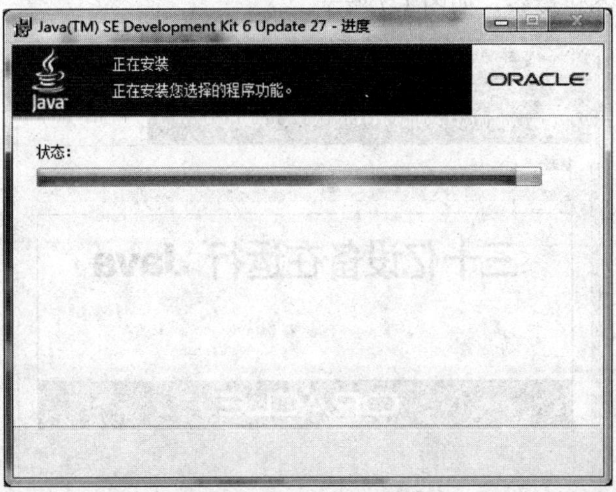

图 1-4　JDK 安装过程界面

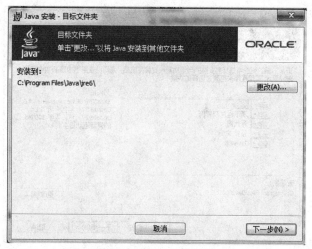

图 1-5　JRE 安装路径设置

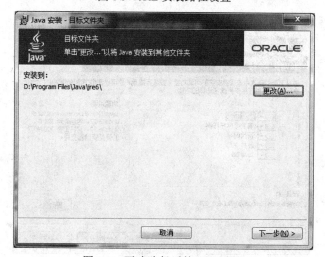

图 1-6　更改路径后的 JRE 设置

此时出现安装状态进度条，如图 1-7 所示。

图 1-7　JRE 安装进度

（4）安装完毕，系统自动弹出"完成"对话框。单击【完成(F)】按钮，关闭对话框，完成安装。如图 1-8 所示。

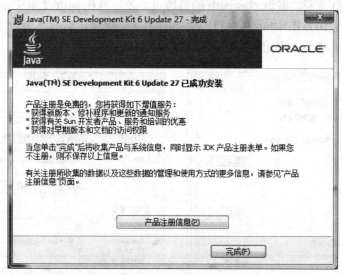

图 1-8 JDK 安装完成页面

（5）配置环境变量，选中"我的电脑"，单击鼠标右键，弹出菜单之后，选择"属性"菜单项，进入"控制面板\所有控制面板项\系统"界面（或者通过窗体"控制面板"→"系统"进入），如图 1-9 所示。之后单击窗体左边的"高级系统设置"，进入"系统属性"对话框，选择"高级属性"选项卡，如图 1-10 所示。

图 1-9 进入系统窗体界面

（6）单击"环境变量"按钮，进入"环境变量"对话框，如图 1-11 所示，在系统变量中查看是否存在 classpath 变量，如果不存在，单击"新建"按钮，进入"新建系统变量"对话框，最好先建立一个 JAVA_HOME=D:\Program Files\Java\jdk1.6.0_27，如图 1-12、图 1-13 所示，然后新建 classpath=.;%JAVA_HOME%\lib\dt.jar;%JAVA_HOME%\lib\tools.jar（如图 1-14 所示）；否则，双击 classpath 变量，编辑 classpath 的值即可。之后再在 path 变量中添加 Java 的环境变量： PATH=%JAVA_HOME%\bin;%PATH%，如图 1-15 所示。单击"确定"按钮返回"系统属性"对话框，最后单击"确定"按钮，保存修改后的设置。

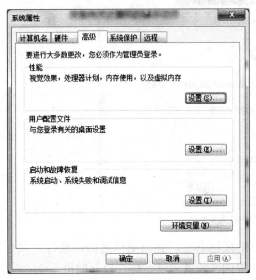

图 1-10　系统属性窗体

图 1-11　环境变量

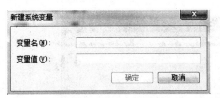

图 1-12　新建系统变量

图 1-13　JAVA_HOME 系统变量

图 1-14　classpath 系统变量设置

图 1-15　path 系统变量设置

（7）设置好环境变量后，单击"开始"➜"运行"，输入"cmd"进入命令行窗口，如图 1-16 所示。在命令提示符">"后输入"java -version"，按"Enter"键后，在命令的下面将显示所安装的 Java 语言开发工具的版本，这表明 Java JDK 安装成功。如果显示内容与图 1-17 不同，请检查环境变量是否设置正确。

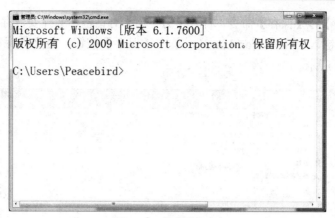

图 1-16　控制台界面

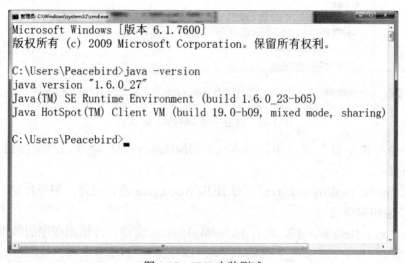

图 1-17　JDK 安装测试

（8）Java 应用程序

1）在命令行窗口的"＞"提示符下，键入"md FirstHelloWorld"命令，创建 FirstHelloWorld 文件夹。

2）打开记事本，在其中键入如下程序内容。程序的作用是在屏幕上显示"Hello World"字符串。

```
/**第一个 Java 程序*/
/*
*第一个 HelloWorld 程序
*/
public class HelloWorld{
    //main 函数
        public static void main(String[] args){
                System.out.println("Hello World");
        }
}
```

3）单击【文件】→【保存】命令，打开【另存为】对话框，选择要保存的文件夹，在【文件名】文本框中，键入"HelloWorld.java"，单击【保存】按钮，将文件保存在刚创建的文件目录下。如图 1-18 所示。

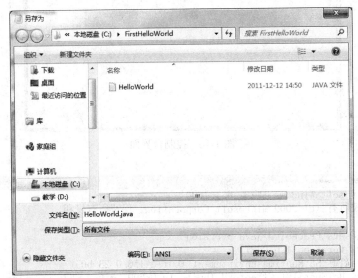

图 1-18　保存 HelloWorld.java 文件

4）在"命令提示符"窗口中，键入 cd FirstHelloWorld 命令，改变当前目录为"C:\FirstHelloWorld>"。

5）键入"javac HelloWorld.java"，对 HelloWorld.java 进行编译。稍等片刻，若未出现任何提示消息，说明编译成功。

6）键入"java HelloWorld"，运行 HelloWorld.class 文件，并输出程序的结果。如图 1-19 所示。

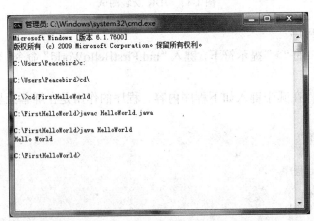

图 1-19　运行 Java Application 程序的结果

**方法二：采用 JDK+EclipseIDE 搭建开发环境**

JDK 的安装按照方法一的步骤 1 至步骤 4 执行，以下是 Eclipse 的安装步骤。

（1）访问网站http://www.eclipse.org/downloads/，下载Eclipse Classic 3.7.1，如图 1-20 所示。

图 1-20　Eclipse 下载网页

（2）将下载的文件保存到 D 盘根目录下，解压下载包，如图 1-21 所示。

图 1-21　解压 Eclipse 压缩包

（3）进入压缩后文件夹，运行 Eclipse.exe 文件，即可启动 Eclipse，Eclipse 属于绿色软件，不需要特别安装。

（4）进入 Eclipse 系统，第一次运行时，需要选择 Eclipse 的工作空间（Workspace），用于存储 Eclipse 编写的 Java 文件。如图 1-22 所示。

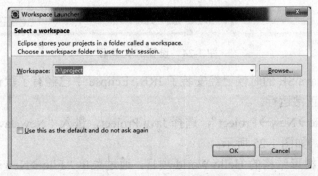

图 1-22　Eclipse 空间设置

（5）进入 Eclipse 系统，配置 Eclipse 的 JDK 环境，选择 Windows 菜单下 Preferences 进入 Preferences 配置窗口，如图 1-23 所示。选择 Java→Installed JREs，在右部输入 JDK 的位置，如图 1-24 所示。

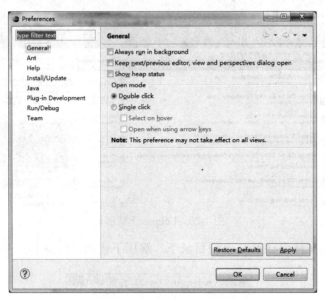

图 1-23　Preferences 窗体

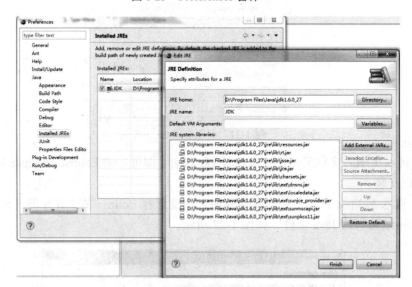

图 1-24　设置 JDK 路径

注：因为安装 Java SE 的时候已经安装了 JRE，Eclipse 中已经有了默认 JRE 路径，不设置为 JDK 路径也能够正常运行。

（6）单击"File→New→Project"，选择 Java Project，进入"New Java Project"窗口，新建 HelloWorld 项目，如图 1-25 所示。

（7）选择左边树形结构的 Hello World 项目，通过菜单"File→New→Class"进入"New Java Class"窗口，将其类命名为"HelloWorld"，单击"Finish"按钮。如图 1-26 所示

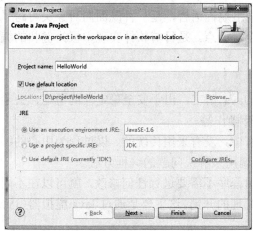
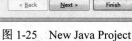

图 1-25　New Java Project
图 1-26　New Java Class

（8）将"C:\FirstHelloWorld"下的 HelloWorld.java 文件中的内容复制到 Eclipse 中的工作区中，覆盖 Eclipse 下 HelloWord.java 中的内容，编译运行，在 Eclipse 下部出现运行结果，如图 1-27、图 1-28 所示。

```
/**第一个Java程序*/
/*
*第一个HelloWorld程序
*/
public class HelloWorld {
    //main函数
    public static void main(String[] args){
        System.out.println("Hello World");
    }
}
```

图 1-27　Eclipse 中 Java 程序

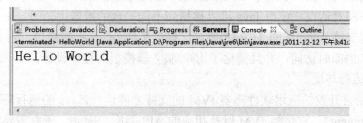

图 1-28　New Java Class

### 1.1.4　知识总结

#### 1. Java 语言及其特点

Java 是由 Sun Microsystems 公司（目前 Sun 已经被 Oracle 收购）于 1995 年 5 月推出的 Java

程序设计语言和 Java 平台的总称。Java 是一种网络编程语言，是一种既面向对象又可跨平台的语言，具有简单、解释型、动态、多线程、安全等特点。是目前软件实现中极为健壮的编程语言。

Java 语言具有以下几个特点：

（1）结构简单，易于学习。衍生自 C++的 Java 语言，出于安全稳定性的考虑，去除了 C++中不容易理解和掌握的部分，如最典型的指针操作等。

（2）面向对象。完全面向对象。在 Java 语言中，没有采用传统的、以过程为中心的编程方法，而是采用以对象为中心，通过对象之间的调用来解决问题的编程方法。

（3）与平台无关。使用 Java 语言编写的应用程序不需要进行任何修改，就可以在不同的软、硬平台上运行，因此大大降低了开发、维护和管理的开销。这主要是通过 Java 虚拟器（JVM）来实现的。

（4）可靠性。Java 语言提供了异常处理机制，有效地避免了因程序编写错误而导致的死机现象。

（5）安全性。Java 语言通过使用编译器和解释器，在很大程度上避免了病毒程序的产生和网络程序对本地系统的破坏，另外，Java 特有的机制是其安全性的保障，同时它去除了 C++中易造成错误的指针，增加了自动内存管理等措施，保证 Java 程序运行的可靠性。

（6）多线程。Java 不但内置多线程功能，而且提供语言级的多线程支持，即定义了一些用于建立、管理多线程的类和方法，使得开发具有多线程功能的程序变得简单。

（7）很好地支持网络编程。Java 是面向网络的语言。通过它提供的类库可以处理 TCP/IP 协议，用户可以通过 URL 地址在网络上很方便地访问其他对象。Java 的小应用程序（Applet）是动态、安全、跨平台的网络应用程序。

（8）丰富的类库。Java 提供了大量的类库以满足网络化、多线程、面向对象系统的需要。

- 语言包提供的支持包括字符器处理、多线程处理、例外处理、数学函数处理等。
- 实用程序包提供的支持包括哈希表、堆栈、可变数组、时间和日期等。
- 输入输出包用统一的"流"模型来实现所有格式的 I/O，包括文件系统、网络及输入/输出设备等。
- 低级网络包用于实现 Socket 编程。
- 抽象图形用户接口实现了不同平台的计算机的图形用户接口部件，包括窗口、菜单、滚动条和对话框，使得 Java 可以移植到不同平台的机器上。
- 网络包支持 Internet 的 TCP/IP 协议，提供了与 Internet 的接口。它支持 URL 链接，WWW 的即时访问，并且简化了用户/服务器模型的程序设计。

2. Java 的运行环境

采用 Java 语言开发的应用软件需要 JVM 的支持才能运行。Java 的运行环境称为 JRE（Java Runtime Environment），它包括 JVM 以及相应的 API 类库。因此，所有需要运行 Java 应用软件的计算机都必须安装 JRE。

3. Java 开发环境

对于开发人员来说，除了需要上述的运行环境以外，还需要开发环境的支持，Java 的开发环境主要由以下两部分组成。

- Java 开发工具包（Java Development Kit，JDK）：主要由 Java 编译器、调试工具等组

成，是 Java 开发必备的工具。JDK 内含 JRE，不再单独需要 JRE。

- 集成开发环境（Integrated Development Environment，IDE）：除了可以直接使用记事本等文本编辑器来开发 Java 程序以外，绝大多数开发人员都会选择一种集成开发环境。目前大多数软件企业都是使用 Eclipse 进行开发。

4．Eclipse 介绍

（1）启动 Eclipse

运行 eclipse.exe 文件或其他快捷方式，将出现指定工作空间的窗口，如图 1-29 所示。

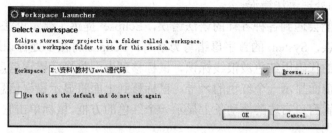

图 1-29　指定 Eclipse 工作空间所在的目录

工作空间是保存 Java 项目和源代码的目录。可以使用默认的工作空间路径或者指定一个工作空间路径，通常应该指定在非系统盘上。如果不希望每次都弹出这个设置窗口，可以勾选左下角的复选框"Use this as the default and do not ask again"。这样就可以采用默认的设置路径，而不再弹出该窗口。

（2）Eclipse 界面

进入 Eclipse 后，出现 Eclipse 的主界面，如图 1-30 所示。

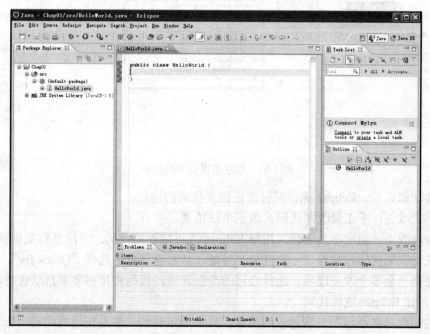

图 1-30　Eclipse 的主界面

Eclipse 的主界面除了主菜单和工具条外，可以分为 4 个主要区域。

Package Explorer，位于左边，以树形结构显示项目列表以及项目的层次结构。Java 源代码文件被保存在 src 目录或其子目录中。

源代码编辑区：位于中上部，用于编辑 Java 源代码文件。

右部信息区：有多个窗口，如 Outline 显示当前源文件的结构信息等。

下部信息区：有多个选项卡，如 Console 显示运行结果，Problems 显示错误和警告信息。

（3）使用 Eclipse 中经常遇到的问题

1）如何查看和处理语法错误

编译程序时可能会遇到各种各样的语法错误，Eclipse 提供了显示语法错误的多种途径。例如，对于同一错误，System 的首字母错写为小写，Eclipse 将在多处标识这个错误。

● 语法错误的代码用红色波浪线标识，鼠标移到上面将显示错误信息。

● 代码行的前面显示一个红色的×号，鼠标移到上面将显示错误信息。

● 源代码编辑窗口右边的滚动条上显示一个红色的方框，鼠标单击它可跳转到该错误的代码行。

● Package Explorer 区中，每个有错误的源文件名前显示一个红色的×号，双击它可打开该文件，并显示错误的行。如图 1-31 所示。

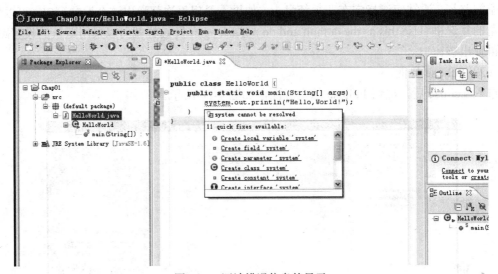

图 1-31    语法错误信息的显示

出现语法错误后，Eclipse 提供两种改正错误代码的途径。

● 手工改正：手工修改源代码，改正语法错误。

● 自动改正：由程序员干预，指导 Eclipse 改正错误的代码。方法是将鼠标移到出现语法错误的代码行前面显示的红色×号处，从右键菜单中选择"Quick fix"，Eclipse 将提供一至多个改正选项，选择合适的改正选项，代码将按照要求自动进行改正。

2）如何让 Eclipse 重排代码

良好的编程风格是程序员最基本的要求。其中最重要的一条是正确的缩格，Eclipse 可以对代码进行自动重排，进行正确的分行和缩格。方法是从主菜单中选择"Source"→"Format"。

Eclipse 只会对不存在语法错误的源文件进行重排。如果有语法错误，应该先更正错误，然后重排格式。

3）如何恢复 Java 视图的默认显示方式

如果手工关闭了某些窗口，这时的 Java 视图使用起来就会不太方便。如果需要恢复到 Java 视图的默认显示方式，则从主菜单中依次选择"Window"→"Reset Perespective…"，在弹出的对话框中单击"OK"按钮确认即可。

# 任务 1.2　体验 Java 程序开发过程

### 1.2.1　情境描述

Tom 接手了某公司的工资管理系统之后，首先他需要分析系统功能，工资管理系统的功能主要有：分类管理员工的基本信息，操作用户管理、每月工资管理及工资的统计管理等。在掌握了 Java 开发环境搭建之后，他首先需要完成系统的主操作界面设计，为了完成系统主菜单设计，他需要完成以下功能：

（1）在 Eclipse 中成功创建项目。

（2）利用 Java 输出语句完成主菜单。

### 1.2.2　问题分析

Tom 利用 Java 实现系统主菜单，首先他需要设计好菜单的样式，其次就是利用 Java 的输出语句进行菜单的显示输出，在 Java 语言中，输出到控制台的语句为 System.out.print 或者 System.out.println。

### 1.2.3　解决方案

（1）打开 Eclipse，单击"File→New→Project"，选择 Java Project，新建名称为"Task1_2"的 Java 项目；

（2）选择 Task1_2 项目，单击"File→New→Package"，添加一个包，名为 com.esms，单击"Finish"按钮，建立包后的项目结构如图 1-32 所示。

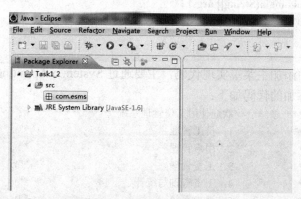

图 1-32　带包的项目结构图

（3）在左边的 Package Explorer 导航树中，选择 com.esms 包，单击"File→New→Class"进行新建类操作，并且将类的名称命名为"Menus"，如图 1-33 所示。

图 1-33　新建 Menus 类界面

（4）在 Menus 中添加主函数，如代码所示。

```java
package com.esms;
/**
 * 菜单操作类，主要实现主菜单定义
 * @author 李法平
 *
 */
public class Menus {
    /**
     * 主函数，程序的入口
     * @param args
     */
    public static void main(String[] args) {
        //在此处添加代码

    }
}
```

（5）在主函数中添加主菜单实现代码，主要通过 System.out.println()实现。
在 main 函数下添加的代码如下：

```java
System.out.println("***********欢迎使用工资管理系统************");
System.out.println("*                 1：员工管理                 *");
System.out.println("*                 2：用户管理                 *");
System.out.println("*                 3：工资管理                 *");
System.out.println("*                 4：工资查询与统计           *");
System.out.println("*                 5：退出系统                 *");
System.out.println("*********************************************");
```

（6）运行程序，结果如图 1-34 所示。

图 1-34　主界面运行结果

### 1.2.4　知识总结

Java 语言的基本要素有关键字、标识符、分隔符和代码注释 4 种，程序员要学会正确使用这些要素，以便写出正确规范、可读性好、易于维护的代码。

#### 1. 关键字

Java 关键字是指那些具有特定含义和专门用途的单词，它们不能被用做标识符。Java 关键字一律用小写字母表示，如表 1-1 所示。

表 1-1　Java 语言关键字

| 类型 | 关键字 |
|---|---|
| 数据类型关键字 | int、double、long、byte、short、float、char、boolean |
| 循环关键字 | for、continue、do…while |
| 条件关键字 | if…else、switch…case |
| 异常关键字 | throw、throws、try、catch、finally、assert |
| 类定义关键字 | class、extends、implements、interface |
| 修饰符和访问关键字 | public、private、protected、abstract、static、final、transient、native |
| 其他关键字 | new、void、false、true、null、return、this、super、import、package、break、default、synchronized、instanceof、volatile、strictfp、enum |

#### 2. Java 标识符

标识符用来表示常量、变量、标号、方法、类、接口以及包的名字。标识符的命名规则如下：

- 只能使用字母、数字、下划线和美元符。
- 只能以字母、下划线和美元符开头，不能用数字开头。
- 严格区分大小写，没有长度限制。
- 不能使用 Java 关键字。

在开发中除了要遵守上述规则外，还需要遵守标识符命名的规范。每个合格的 Java 程序员都必须遵守下述规范。

(1) 标识符用英语单词, 尽量使用完整的单词, 不使用缩写。可以是一个或多个单词, 应该具有合适的含义。如用 fileName 表示文件名。

(2) 标识符中尽量只用字母, 必要时才少量使用数字。美元符和下划线可能会用在某些特殊场合中。

(3) 不要使用常用的类名以及内部使用的常用名称, 如 String、java 等, 如果使用了这样的标识符, 有可能会引起编译出错或程序不能正常运行。

(4) 通过标识符中的大小写区分不同类型的标识符, 其规则如下:

- 常量名: 全部用大写字母。如果由多个单词组成, 则使用下划线分隔单词, 如, MAX_VALUE。
- 变量名: 用小写字母。如果由多个单词组成, 则从第二个单词起的首字母大写, 如 fileName。
- 方法名: 命名规范同变量名, 方法名的第一个单词常常是动词。
- 类名: 首字母用大写, 其余用小写。
- 接口名: 命名规范同类名。
- 包名: 全部用小写字母。如果由多个单词组成, 则使用半角的句点 "." 分隔单词。

3. 分隔符

Java 语言的分隔符用于分隔标识符和关键字, 共有 7 种, 即空格、句号、分号、逗号、圆括号、方括号和花括号。

空格: 这里指广义的空格, 包括空格、换行、制表符等, 连续的多个空格与一个空格的效果相同。

句点 (.): 半角的英文句点, 用于方法或变量的引用。

分号 (;): 表示一条语句的结束, 一般一条语句占一行, 但是一行写不下一条语句时, 允许一条语句占用多行。

逗号 (,): 分隔变量声明中的多个标识符, 或用在 for 语句的表达式中。

圆括号: 一般用在表达式、方法的参数和控制语句的条件表达式中。注意圆括号可以嵌套, 但需要严格配对使用。

方括号 ([]): 用于声明数组, 引用数组的元素值。

花括号 ({}): 用于定义一个语句块, 一个语句块是零条或多条语句, 以 "{" 开始, 以 "}" 结束。注意花括号可以嵌套, 但需要严格配对使用。

4. Java 注释

与其他编程语言一样, Java 也允许程序员加入备注, 编译器将忽略注释行。注释语句共有三种形式。

- 多行注释 (/*...*/): 注释以 "/*" 开始, 以 "*/" 结束, 可以注释多行也可以注释单行, 一般位于要解释的类或方法的前面。符号 "/*" 和 "*/" 成对出现, 不可以套用。
- 单行注释 (//): 注解内容从 "//" 开始, 并在每行末尾结束, 一般位于要解释语句的结尾处。这种形式的解释一般用来定义变量的含义和语句的作用。
- 文档注解语句 (/**...*/): 注解从 "/**" 开始, 到 "*/" 结束, 一般位于类或方法的最前面。文档注解语句是 Java 所特有的 doc 注解。使用 "javadoc 文件名.java" 命令,系统会自动生成 javadoc 文档。

5. Java 程序结构分析

Java 应用程序的程序结构并不复杂。其基本结构是：

```
public class 类名{
    public static void main(String args[]){    //main 方法
        System.out.println("");      //输出
    }
}
```

（1）Java 程序中定义类使用关键字 class，类是整个源程序的核心部分，每个类的定义由类头定义和类体定义两部分组成，class 之后是类的名称。

（2）关键字 public 是一个访问修饰符，它控制类成员的可见度和作用域，它表示可从程序中的任何地方访问类成员，也可以用代码从声明这些成员的类的外部访问类成员，在此情况下，main()方法必须声明为 public，因为当它启动时，它必须能被外部的代码调用，即 main()方法的格式永远都是 public static void main(String args[])。

（3）关键字 static 表明无需创建类的实例便允许调用 main()方法。此处 static 是必须的，因为在对象实例化以前，Java 解释器将调用 main()方法，该方法不依赖于被创建类的实例。

（4）关键字 void 告诉编译器在执行此 main()方法时，它不会返回任何值。

注意：main()方法是所有 Java 应用程序的起始点。Java 是区分大小写的，所以 main 与 Main 不同。因此，如果 main()方法被写成 Main()，Java 解释器会报告出错。

（5）String args[]是传递给 main()方法的参数。args[]是 String 类型的数组。String 类型的对象用于存储字符串。在命令行中可以传递多个参数，这些参数存储在这个 String 型数组中。在要讨论的程序中，args 在程序执行时不接收任何命令行参数。

（6）println()方法在屏幕上输出以参数形式传递给它的字符串。在显示中将添加一个新行。其中的 System 是一个预定义的类，它提供对系统类的访问，out 是连接到控制台的输出流。

一个完整的 Java 源文件的结构定义如下：

- package 语句：指定文件中的类所在的包，0 个或 1 个。
- import 语句：引入其他包中的类，0 个或多个。
- public class：属性为 public 的类定义，0 个或 1 个。
- interface 或 class：接口或类定义，0 个或多个。
- 注释：0 个或多个。

需说明的是：

①一个文件中最多只能有一个 package 语句，它必须放在文件的最开始，定义在该文件中的所有类都放在同一个包中。如果缺省，则所有的类都放在默认包中，保存在当前目录下。

②import 语句必须放在类定义之前。

③一个文件中最多只能有一个访问权限为 public 的类，且文件名应该与 public 的类名相同。含有 main 方法的类应该为 public 类。

④Java 语言的源文件中任何地方都可以加注释。

⑤编译后的 Java 源程序根据文件中定义的类和接口的个数产生相应个数的.class 字节码文件。

6. Java 数据类型

Java 是一种强类型化的编程语言，即每个变量和表达式都有一个在编译时已知的类型。数据类型限制了变量可以保存或者表达式可以产生的值，也限制了在那些值上的操作，并且确定了操作的含义。因此，强类型有助于在编译时检查错误。

Java 语言的数据类型分为基本数据类型和引用数据类型。

（1）基本数据类型

- 整数类型：byte，short，int，long。
- 浮点类型：float，double。
- 字符类型：char。
- 布尔类型：boolean。

（2）引用数据类型

- 类类型：class，String，Double 等。
- 接口类型：Interface
- 数组类型：基本数据类型数组，对象型数组。

与其他高级语言类似，Java 语言中定义了基本数据类型，通常用户是不能加以修改的。Java 中的引用数据类型是对对象的引用。如 Java 中的字符串没有被当作数组来处理，而是被当作对象来看待，类 String 和 StringBuffer 的实例都可以用来表示一个字符串。这与 C 语言中的处理方式是不同的。

需要注意的是，Java 不支持 C、C++中的指针类型、结构体类型、联合类型。

7. 常量和变量

（1）常量

常量有字面常量和符号常量两种。

字面常量的值的意义如同字面所表示的一样，如整数常量 100，字符串常量"Java"。每一种基本数据类型和字符串类型都有字面常量。

符号常量用关键字 final 来实现，其语法格式为：

```
final    数据类型    符号常量名=常量值;
```

其中，数据类型可以是任何数据类型，常量值需与数据类型匹配。例如，

```
final double PI=3.1415926;
final int MAX_VALUE=99999;
```

（2）变量

变量是 Java 程序中的基本存储单元。声明变量的一般格式如下：

```
[变量修饰符] 数据类型    变量名[=初始值];
```

同样，数据类型可以是任何的数据类型，初始值需与数据类型匹配。例如：

```
int x;
double a=1.5;
```

Java 语言中的变量根据作用域范围的不同，有 4 种。

- 成员变量：在类中声明，但是在方法之外，因此作用域范围是整个类。
- 局部变量：在语句块内声明，作用域范围是从声明处直到该语句块的结束。
- 方法参数变量：作用域范围是在整个方法中。
- 异常处理参数变量：作用域范围是在异常处理语句块中，将在以后的章节介绍。

**例 1-1** 成员变量、局部变量和方法参数变量的区别。

```java
public class Variables {
    static String welcome="Welcome,"; //方法外声明的变量是成员变量
    //方法定义中声明的变量是参数变量
    public static void main(String args[]){
        String name="JackChen";                //方法内声明的变量是局部变量
        System.out.println(welcome+name+"!");
                    //可以引用成员变量、方法参数变量和已声明过的局部变量
    }
}
```

使用变量时需注意：

● 局部变量的使用要遵守先声明后使用的原则。

● 一个好的编程习惯是在声明一个变量的同时对它进行初始化。

● C、C++中存在全局变量，在 Java 中没有全局变量。

8. 运算符和表达式

运算是对数据进行加工的过程，描述各种不同运算的符号称为运算符，而参与运算的数据称为操作数。表达式用来求值，可用来执行运算、操作字符或测试数据，每个表达式都产生唯一的值。其类型由运算符的类型决定，有算术运算、关系运算、逻辑运算、赋值运算等。

（1）算术运算

Java 有 8 个算术运算符，根据需要的操作数个数的不同，可以分为双目运算符和单目运算符两种。取负 "-"、自增 "++" 和自减 "--" 是单目运算符，其他均为双目运算符。加（+）、减（-）、乘（*）、除（/）、模（%）运算的含义与数学中基本相同。

①模运算符（%）：用来求除法运算所得的余数。如果除数和被除数都是整数类型，则余数为整数类型；如果除数和被除数都是浮点类型，则余数为浮点类型。例如：

```java
x=25%4;            //x 的值为 1
y=15.5%3;          //y 的值为 0.5
```

②自增运算符（++）：用来给变量增加数 1。当自增运算符位于变量右边时，使用变量后，其值增 1；当运算符位于变量左边时，则在变量增值 1 后，使用变量。例如：

```java
int x=2;
int y=(x++)*3;     //运算结果为：x = 3;y = 6。
```

③自减运算符（--）：用来给变量减少数 1。其用法同自增运算符一样。

（2）关系运算

关系表达式是指用关系运算符将两个表达式连接起来的式子，关系运算又称比较运算，将两个表达式的值进行比较，结果是一个布尔值 true 或 false。

关系运算符有：小于（<）、小于等于（<=）、大于（>）、大于等于（>=）、等于（==）、不等于（!=）。

关系运算符的运算级别相同，均低于算术运算符的运算级别。

（3）逻辑运算

逻辑运算是针对布尔型数据进行的运算，运算的结果仍然是布尔型，常用逻辑运算符有与（&&）、或（||）、非（!）、异或（^）。

逻辑运算符的运算级别从低到高依次为：或、与、异或、非。

（4）赋值运算

赋值运算符为"="，赋值表达式由赋值运算符构成，其作用是将数据赋给变量。

说明：

● 赋值运算符左边必须是变量，不能是常量或者表达式。

● 赋值运算符右边可以是任何表达式，但表达式的类型必须和变量的类型一致或可以强制一致。

● 赋值运算符的优先级较低，通常可以使用括号运算符改变其运算级别。

（5）条件运算

条件运算符是三目运算符，其一般形式如下：

```
表达式 1？表达式 2：表达式 3;
```

当表达式 1 为真时，条件表达式返回表达式 2 的值；否则返回表达式 3 的值。例如：

```
boolean b=20>10?true:false;              //变量 b 的值为 true
```

# 任务 1.3   Java 语句

### 1.3.1   情境描述

Tom 完成了系统的主菜单，紧接着他需要实现系统的子菜单并根据在主菜单上不同的输入值连接到具体的子菜单中。Tom 先就员工信息子菜单进行实现，并通过在键盘上输入 1 能够进入到员工信息子菜单中，同时，当他退出子菜单时，系统将返回到主菜单。为了实现以上功能，他需要完成以下任务：

（1）认识 Java 语言的输入。

（2）利用分支语句进行选择进入不同的子菜单。

（3）利用循环语句实现菜单的循环操作。

### 1.3.2   问题分析

要想实现主菜单的操作选择，必要的人机交互是不可缺少的，主菜单需要通过用户输入自己的选择操作，从而进入到不同的子菜单页面，为了实现菜单选择功能，首先需要掌握 Java 从键盘输入数据的操作，例如 Scanner 对象及 System.in 对象；其次需要掌握分支语句的使用，例如 if 语句或者 switch 语句。

当主菜单与子菜单的连接成功之后，若要保证菜单的重复使用，则需要在主菜单及子菜单中添加循环控制语句来实现，Java 语言中的循环有 while 循环、do…while 循环、for 循环等。

### 1.3.3   解决方案

（1）打开 Eclipse，单击"File→New→Project"，选择 Java Project，新建名称为"Task1_3"的 Java 项目。

（2）选择 Task1_3 项目，单击"File→New→Package"，添加一个包，名为 com.esms，单击"Finish"完成。

（3）将 Task1_2 项目中的 Menus 类复制到 Task1_3 项目中，并放置到 com.esms 包中。

注：以上三步操作可以在打开 Eclipse 的基础上，选择左边导航树中的 Task1_2，执行 Ctrl+C 复制后执行 Ctrl+V 粘贴，粘贴后提示修改项目名称为 "Task1_3"。

（4）打开 Menus 类，选中 main 方法中的内容，选择菜单 "Refactor→Extract Method" 或者按快捷方式 Alt+Shift+M 生成新的方法，方法名称为 "mainMenu"，重构后代码如下：

```java
public static void main(String[] args) {
        mainMenu();
}
/**
    * 系统主菜单
    */
    public static void mainMenu() {
        System.out.println("***********欢迎使用工资管理系统**************");
        System.out.println("*              1：员工管理                  *");
        System.out.println("*              2：用户管理                  *");
        System.out.println("*              3：工资管理                  *");
        System.out.println("*              4：工资查询与统计            *");
        System.out.println("*              5：退出系统                  *");
        System.out.println("*******************************************");
    }
```

（5）利用 Java 的输入语句，在 mainMenu 中添加输入操作。在此利用 Scanner 类实现键盘输入，Scanner 类在 java.util 中，因此在类定义前写上 import java.util.*;或 import java.util.Scanner;添加后的代码如下：

```java
package com.esms;
import java.util.Scanner;     //引入 Scanner 类
/**
  * 菜单操作类，主要实现主菜单定义
  * @author 李法平
  *
  */
public class Menus {
    /**
      * 主函数，程序的入口
      * @param args
      */
    public static void main(String[] args) {
        mainMenu();
    }
     /**
      * 系统主菜单
      */
    public static void mainMenu() {
        Scanner in=new Scanner(System.in);    //创建键盘输入对象
        //省略步骤 4 的代码
    }
}
```

（6）利用分支语句控制选择操作，通过 if 语句进行输入项的判定，进而执行不同的操作。

针对 mainMenu 方法中的代码，添加以下代码：

```java
public static void mainMenu() {
    //略
    System.out.print("请选择操作项：");
    int ctrl=in.nextInt();
    if(ctrl==1){//进入员工管理界面
        //调用员工管理菜单
    }
    else if(ctrl==2){//执行用户管理选项
        //Add Code to Here
    }
    else if(ctrl==3){//执行工作管理
        //Add Code to Here
    }
    else if(ctrl==4){//执行工资统计
        //Add Code to Here
    }
    else if(ctrl==5){//退出系统操作
        return;
    }
}
```

（7）针对 mainMenu 菜单，在现有代码的基础上，添加循环控制语句，实现主菜单的重复选择功能，添加循环控制的结果如下：

```java
/**
 * 系统主菜单
 */
public static void mainMenu() {
    while (true) {
        //略
    }
}
```

（8）定义员工管理菜单，按照 mainMenu 菜单制作思想，定义员工管理菜单，将其命名为 employeeMenu，定义后的员工管理菜单如下：

```java
/**
 * 员工管理菜单
 */
public static void employeeMenu() {
    int ctrl=0;
    do
    {
    Scanner in=new Scanner(System.in);
    System.out.println("*********欢迎使用工资管理系统-员工管理*********");
    System.out.println("*                1：员工信息添加                *");
    System.out.println("*                2：员工信息编辑                *");
```

```
        System.out.println("*              3：员工信息删除                *");
        System.out.println("*              4：员工信息查询                *");
        System.out.println("*              5：退出系统                     *");
        System.out.println("*******************************************");
        System.out.print("请选择操作项：");
        ctrl=in.nextInt();
        switch(ctrl){
        case 1:
            //调用员工信息添加功能
            break;
        case 2:
            //调用员工信息编辑功能
            break;
        case 3:
            //调用员工信息删除功能
            break;
        case 4:
            //调用员工信息查询功能
            break;
        case 5:break;//退出分支语句
        }
        }while (ctrl!=5);
    }
```

（9）在 mainMenu 中的调用 employeeMenu 方法。

```
public static void mainMenu() {
    //略
    if(ctrl==1){
        employeeMenu();//调用员工管理菜单
    }
    //略
}
```

（10）按 Ctrl+F11 组合键运行程序。

### 1.3.4　知识总结

**1. 语句概述**

语句是构造程序最基本的单位，程序运行的过程就是执行程序语句的过程。Java 的语句可分为 6 大类：

（1）方法调用语句。如：

```
System.out.println("");
```

（2）表达式语句。分号是语句不可缺少的部分，典型的是赋值语句：

```
x=0;
```

（3）复合语句。用{}把一些语句括起来构成复合语句：

```
{
  int x=100;
```

```
    int y=200;
    int z=x*y;
    System.out.println(z);
}
```

（4）控制语句。Java 程序通过控制语句来执行程序流，完成一定的任务。Java 中的控制语句有以下几类：

- 分支语句：if，switch。
- 循环语句：while，do…while，for。
- 跳转语句：break，continue，return。
- 异常处理语句：try…catch…finally，throw。

（5）注释语句。//，/* */，/** */。

**2. 分支语句**

Java 语言提供了两种分支语句，即双分支的 if 语句和多分支的 switch 语句。

（1）if 语句

if 语句的一般形式：

```
if（条件表达式）{
    语句块 1
}    else {
    语句块 2
}
```

其中条件表达式是用来选择判断程序的流程走向，程序在实际执行过程中，如果条件表达式的取值为真，则执行 if 分支的语句块，否则执行 else 分支的语句块。如图 1-35 所示。在编写程序时也可以不书写 else 分支，此时若条件表达式的取值为假，则绕过 if 分支直接执行 if 语句后面的其他语句。如图 1-36 所示。若语句块只有一条语句时，花括号可以省略，但不建议省略。

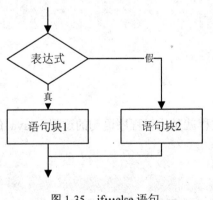

图 1-35    if…else 语句

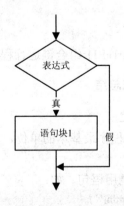

图 1-36    if 单分支语句

if…else 语句也可以嵌套，但嵌套时一定要注意 else 的配对，通常利用代码缩进，来表示配对情况。

**例 1-2**    判断一个整型变量的符号。

```
public class IfElse {
    public static void main(String args[]) {
        int x;
        x = 4;
        if (x > 0) {
            System.out.println(x + "的符号是正。");
        } else {
            if (x < 0) {              //嵌套时增加一层缩进
                System.out.println(x + "的符号是负。");
            } else {
                System.out.println(x + "为零。");
            }
        }
    }
}
```

（2）switch 语句

当分支情况很多时，虽然 if 语句的多层嵌套可以实现，但会使程序变得冗长且不直观。针对这种情况，用 switch 语句来处理多分支的选择问题。其语法格式为：

```
switch(表达式)    //表达式必须为 byte、char、short、int 或 enum 类型
{
    case 常量表达式 1:    //常量值必须与表达式类型兼容，且不能重复
    语句块 1
    break;                //break 跳出 case 语句段
    case 常量表达式 2:
    语句块 2
    break;
    ……
    default:
    语句块 n
}
```

switch 语句的执行过程如下：

1）表达式求值。

2）如果 case 标签后的常量表达式的值等于表达式的值，则执行其后的内嵌语句。

3）如果没有常量表达式等于表达式的值，则执行 default 标签后的内嵌语句。如果没有 dcfault 分支，则直接跳出整个 switch 语句。

例 1-3 用 switch 语句将百分制成绩转换为五级制成绩。

```
public class SwitchDemo {
    public static void main(String args[]) {
        int score = 88;
        char grade;
        if (score > 100 || score < 0) {
            System.out.println("不是正确的成绩值。");
        } else {
            switch (score / 10) {
            case 10:
```

```
            case 9:
                    grade = 'A';
                    break;
            case 8:
                    grade = 'B';
                    break;
            case 7:
                    grade = 'C';
                    break;
            case 6:
                    grade = 'D';
                    break;
            default:
                    grade = 'E';
            }
            System.out.println("等级为："+grade);
        }
    }
}
```

3.　循环语句

循环语句的特点是在给定条件成立时，反复执行某段程序，直到条件不成立为止。给定的条件称为循环条件，反复执行的程序段称为循环体。Java 提供 3 种循环语句：while、do…while、for。它们的共同特点是根据循环条件来判断是否执行循环体。一般情况下，它们是可以相互替换的。

（1）while 循环

while 循环又称为"当"型循环，首先判断条件，当条件成立，就执行循环体，否则结束循环。其语法格式为：

```
初始化
while（条件式）{
循环体
}
```

其控制流程如图 1-37 所示。

（2）do…while 循环

do…while 循环又称"直到"型循环，首先执行循环体，然后判断条件，为真，继续循环，否则，结束循环。其语法格式为：

```
初始化
do {
 循环体
}while(条件式);
```

其执行流程如图 1-38 所示。

（3）for 循环

for 循环是使用最广泛的一种循环，并且灵活多变。其格式如下：

```
for(初始化;条件判断式;更新值) {
```

```
循环体
}
```

for 循环的控制流程如图 1-39 所示。

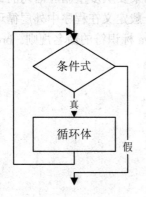

图 1-37　while 循环

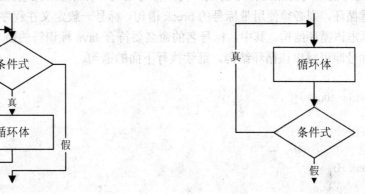

图 1-38　do…while 循环

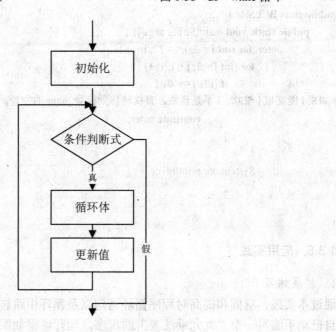

图 1-39　for 语句控制流程

### 4. 跳转语句

跳转语句用来实现程序执行过程中流程的转移。前面在 switch 语句中提到的 break 语句就是一种跳转语句。Java 的跳转语句有三种：continue 语句、break 语句和 return 语句。

（1）continue 语句

跳出当次循环，继续下次循环。从调用处跳至循环的开始处，结束本次循环，继续执行下一次循环，本次循环 continue 语句之后的语句将不再执行。

（2）break 语句

退出当前所在循环。从调用处跳至循环的结束处，立即终止当前循环的执行。

（3）return 语句

return 语句用来使程序流程从方法调用中返回，根据方法的返回值要求，return 可以有返回值，也可以没有返回值。如果方法没有返回值，则 return 语句中的表达式可以省略。

Java 允许在语句前加上标号前缀，构成标号语句。如果要从多重循环语句的最内部，跳出整个多重循环，则必须使用带标号的 break 语句。标号一般定义在程序中外层循环语句的前面，用来标志该循环结构。其中，标号名的命名要符合 Java 标识符的命名规则。break 语句后面添加该标号即可跳出该循环结构，继续执行下面的语句。

例如：

```
H:for(i=1;i<=100;i++){
   …
   break H;
   …
   continue H;
}
```

**例 1-4**　输出 2～77 之间的所有的素数。

```java
public class BCLable {
    public static void main(String args[]) {
        outer: for (int i = 2; i <= 77; i++) {
            for (int j = 2; j < i; j++) {
                if (i % j == 0) {
//如果 i 能够被 j 整除，i 不是素数，直接转移到标号 outer 的位置，重新判断下一个 i
                    continue outer;
                }
            }
            System.out.println(i);
        }
    }
}
```

### 1.3.5　应用实践

**1. 扩展练习**

通过本实践，巩固和提高对程序循环语句以及循环中跳转语句的理解，并合理利用。

自己动手编写一个"九九乘法表"的程序。运行结果如图 1-40 所示。

```
1*1=1
2*1=2    2*2=4
3*1=3    3*2=6    3*3=9
4*1=4    4*2=8    4*3=12   4*4=16
5*1=5    5*2=10   5*3=15   5*4=20   5*5=25
6*1=6    6*2=12   6*3=18   6*4=24   6*5=30   6*6=36
7*1=7    7*2=14   7*3=21   7*4=28   7*5=35   7*6=42   7*7=49
8*1=8    8*2=16   8*3=24   8*4=32   8*5=40   8*6=48   8*7=56   8*8=64
9*1=9    9*2=18   9*3=27   9*4=36   9*5=45   9*6=54   9*7=63   9*8=72   9*9=81
```

图 1-40　"九九乘法表"运行结果

**2. 案例拓展**

Tom 在完成了任务 1.3 的基础上，按照同样的设计思路，完善用户管理、工资管理、工资查询与统计管理操作菜单界面。其中用户管理主要包含用户信息修改、用户密码修改；工资管理主要包含员工月工资登记、个人月工资修改等；工资查询与统计功能主要提供个人月工资查询、按月工资查询、月工资统计排行等功能。

# 任务小结

1．为了搭建 Java 开发环境，Java SE 的安装是不可缺少的环节。

2．Java 语言的编写可以利用手工配置环境变量的方式，利用"控制台+记事本"模式进行编程。

3．Java 编程也可以采用 JDK+Eclipse IDE 工具，这样的环境有利于提高编程效率。

4．掌握 Java 语言的基本要素。

5．理解 Java 的程序结构。

6．掌握 Java 数据类型、运算符和表达式

7．掌握 Java 基本语句：分支、循环和跳转语句等。

# 练习作业

1．Java 开发环境包括哪些部分？需要安装哪些软件？

2．如何配置 Java 的开发环境？

3．下述代码中有错误。请问：有几个错误？如何改正？

```
public class HelloWorld{
    public static void Main(String a[]){
        system.out.println("Hello,World!");
    }
}
```

4．下面一段代码没有语法和逻辑错误，并能得到正确的结果。

```
import java.util.Scanner; public class aaa {
public static void main(String[] A){ Scanner SC=new Scanner(System.in);
int Mydata=SC.nextInt();
int iii=SC.nextInt(); System.out.println(Mydata*iii);}}
```

请问：（1）代码有哪几个不规范的地方，为什么？

（2）改写成规范的代码。

5．编写程序，计算 1~200 之间的所有 3 的倍数之和。

6．编写程序，解决"百钱买百鸡"问题：母鸡 5 钱一只，公鸡 3 钱一只，小鸡 1 钱三只。现有百钱欲买百鸡，共有多少种买法？

7．"完备数"是指一个数恰好等于它的因子之和，如 6 的因子为 1、2、3，而 6=1+2+3，因而 6 就是完备数。编写程序，找出 1~1000 之间的全部"完备数"。

# 第二章 面向对象程序设计基础

早期计算机中运行的程序大都是为特定的硬件系统专门设计的，称为面向机器的程序。这类程序的运行速度和效率都很高，但可读性和可移植性很差。随着软件开发规模的扩大，这类面向机器的程序逐渐被以 C 语言为代表的面向过程的程序所取代。

面向过程解决问题的思想是：以具体的解题过程为研究和实现的主体。虽然面向过程的问题求解可以精确、完备地描述具体的求解过程，但却不足以把一个包含了多个相互关联的过程的复杂系统表述清楚，这时面向对象的思想便应运而生。面向对象就是力图从实际问题中抽象出封装了数据和操作的对象，通过定义属性和操作来表述它们的特征和功能，通过定义接口来描述它们的地位及与其他对象的关系，最终形成一个广泛联系的可理解、可扩充、可维护及更接近于问题本来面目的动态对象模型系统。

学习完本章节，您能够：
- 创建类和对象
- 定义和使用成员变量
- 定义和使用成员方法

## 任务 2.1  创建类和对象

### 2.1.1  情境描述

Tom 在进一步认识了 Java 之后，发现了 Java 语言编程的优势，认识了一个新的名词——面向对象，面向对象在程序设计过程中按照现实社会的对象原则进行思考问题，实现了计算机编程按照现实生活中的情景解决问题。针对 A 类员工信息，他开始按照面向对象的方式进行程序设计，为此，他需要完成以下任务：

（1）认识和理解面向对象的基本概念。

（2）创建类与对象。

（3）创建类成员变量。

（4）调用类成员。

注：A 类员工需要关注员工的员工编号、姓名、性别、所属部门、职务、职称、工龄。

### 2.1.2  情景分析

在以往的程序设计方法中，往往都是按照程序流程的发展设计程序，这样的思路方式需要程序员在考虑问题的时候，总是将程序流程的处理过程和所处理的数据分离考虑，造成思考问题的时候，与现实的思考问题方式不同，面向对象程序设计采用模拟现实社会理解事物的思考思维，有利于提高程序员的编程效率。

就情景描述中的 A 类员工信息，对于员工编号、姓名、性别等这些数据都是员工固有的属性；同时除了认识 A 类员工的属性以外，还需要考虑 A 类员工能够做什么事情，比如他能够晋升职称，随着时间的推移工龄能够增长等，这就是 A 类员工具备的行为。

### 2.1.3　解决方案

（1）打开 Eclipse 开发环境、载入任务 1.3 的"Task1_3"项目。

（2）选中"Task1_3"项目，按 Ctrl+C 组合键复制项目，再按 Ctrl+V 组合键粘贴形成新的项目，并命名为：Task2_1。如图 2-1 所示。

图 2-1　复制项目图

（3）选中 Task2_1 项目，执行新建类操作，命名为"EmployeeA"。

（4）添加 A 类员工类字段，主要字段信息如下：

```java
package com.esms;
/**
 * A 类员工类
 * @author 李法平
 *
 */
public class EmployeeA {
        String employeeNo;//工号
        String employeeName;//姓名
        String employeeGender;//性别
        String employeeDepartment;//所属部门
        String employeePos;//职务
        String employeeTitlePos;//职称
        String employeeWorkYears;//工龄
}
```

（5）在 EmployeeA 类中添加 main 方法，通过在类中先输入 main 之后按 Alt+/组合键的方式能够快速添加 main 方法。具体见图 2-2 所示。

（6）在 EmployeeA 类中添加 display 方法。

```java
public class EmployeeA {
    /**
     * 输出员工信息
     */
    public void display(){
```

```
System.out.println("员工编号："+this.employeeNo);
System.out.println("员工姓名："+this.employeeName);
System.out.println("员工性别："+this.employeeGender);
System.out.println("员工所在部门："+this.employeeDepartment);
System.out.println("员工职务："+this.employeePos);
System.out.println("员工职称："+this.employeeTitlePos);
System.out.println("员工工龄："+this.employeeWorkYears);
    }
}
```

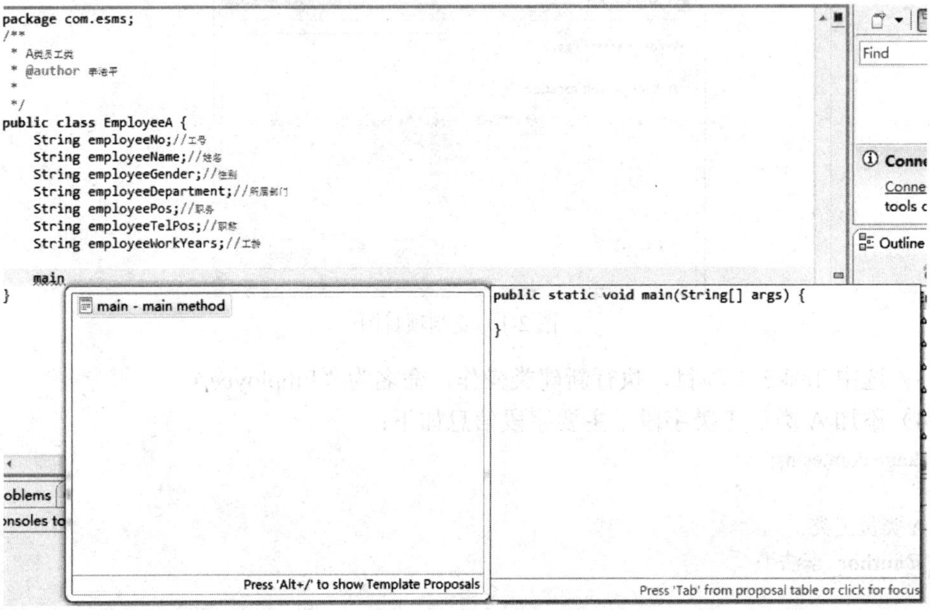

图 2-2　快速添加方法

（7）在 main 函数中创建对象。

```
public class EmployeeA {
    /**
     * 系统主函数
     * @param args
     */
    public static void main(String[] args) {
        EmployeeA objTom=new EmployeeA();//创建 Tom 对象

    }
}
```

（8）访问 EmployeeA 的成员。

```
public class EmployeeA {
    /**
     * 系统主函数
     * @param args
     */
    public static void main(String[] args) {
```

```
        EmployeeA objTom=new EmployeeA();
        //为 Tom 的主要属性赋值
        objTom.employeeNo="00101";
        objTom.employeeName="汤姆";
        objTom.employeeGender="男";
        objTom.employeeDepartment="技术一部";
        objTom.employeePos="程序员";
        objTom.employeeTitlePos ="助理工程师";
        objTom.employeeWorkYears=1;
        //显示
        objTom.display();
    }
}
```

（9）运行 EmployeeA 类中的 main 方法，测试面同对象的程序。

### 2.1.4　知识总结

**1.　面向对象的术语**

面向对象的程序设计是目前占主导地位的编程模式，它的核心概念是类和对象。

（1）对象（Object）

对象可以是有生命的个体，也可以是无生命的个体，还可以是一个抽象的概念。对对象进行分析和抽象，可以发现它有两个特征，即属性和行为。如一个人的属性有姓名李四，年龄 30 岁，性别男，行为有睡觉、吃饭、走路等。

在面向对象程序设计中，对象的概念来自于对现实世界的抽象。因此，程序员眼里的对象具有属性（也称为成员变量）和行为（也称为成员方法）。

对象的属性，主要指对象内部所包含的各种信息，也就是变量。每个对象个体都具有自己专有的内部变量，这些变量的值标明了对象所处的状态。当对象经过某种动作和行为而发生状态改变时，就具体地体现为它的属性变量的内容的改变。通过检查对象属性变量的内容，就可以了解这个对象当前所处的状态。

行为又称为对象的操作，它主要表述对象的动态特征，其作用是设置或改变对象的属性。下面以人为例来说明"人"类的面向对象的表达方法。

首先我们采用面向对象的思想将现实世界中的人抽象为"人（Person）"类，操作方法如下：

● 现实世界中所有的人可以从两个方面抽象地概括：属性、行为。

● 人的属性包括人的姓名、年龄、性别、身高、体重等。

● 人的行为包括更改名字、年龄增长、身高增长、体重增加等。

虽然现实世界中的人有许多种属性和行为，很难全面地用文字表示出来，但是可以根据要解决的具体问题，对人的属性和行为进行取舍，列出与问题有关的属性和行为，忽略与问题无关的属性和行为。如图 2-3 所示。

（2）类（Class）

①类的概念

现实世界中有许多相同种类的对象，可以将这些相同的对象归并为一个"类"。"类"的定义是具有相同属性和行为的对象的集合。

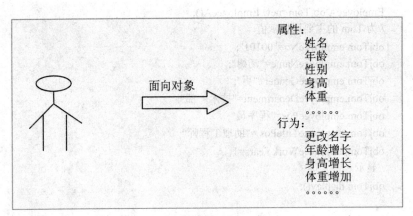

属性:
姓名
年龄
性别
身高
体重
……
行为:
更改名字
年龄增长
身高增长
体重增加
……

面向对象

图 2-3　面向对象

②类的实例化

从类的定义可知，类是同类对象的集合，因此类和对象的关系是整体和个体的关系。从对象进行抽象，得到类的概念；从类进行实例化，得到对象。因此。对象也称为类的实例，从类导出实例的过程称为类的实例化。

**2. 面向对象的基本特性**

（1）封装（Encapsulation）：封装是将对象的属性和行为封装在一起成为一个整体——类。封装是一种数据信息隐藏技术，使用者只需要知道对象中变量和方法的功能，而不必知道行为实现的细节，也就是说，类的使用者与设计者是分开的，此外封装使得类的可重用性大为提高。

（2）多态（Ploymorphism）：多态是指程序的多种表现形式。同一个类中，同名但参数不同的多个方法（方法重载）是多态的一种表现形式；另一种表现形式是子类对父类方法的覆盖或者子类对抽象父类中的抽象方法的具体实现。

（3）继承（Inheritance）：继承是指一个类拥有另一个类的所有变量和方法。被继承的类称为父类，继承了父类的所有数据和操作的类称为子类。

**3. 类**

类是组成 Java 程序的基本要素，它封装了对象的状态和方法。创建一个新类就是创建一种新的数据类型。实例化一个类，就得到一个对象。

类由成员变量和成员方法组成。类的成员变量可以是基本类型的数据或数组，也可以是一个类的实例。

（1）类的定义

声明类的完整格式如下：

```
[类修饰符]class 类名 [extends 基类] [implements 接口列表]{
    [成员变量声明]
    [构造方法定义]
    [成员方法定义]
}
```

其中类修饰符有 public、final 等；class 为关键字，类名的命名应符合标识符的规定。

花括号括起来的是类体，其中定义的变量和方法都是类的成员。对类的成员可以设定访问权限，来限定其他对象对它的访问。在以后的章节中将陆续介绍。

通常一个类对应一个源代码文件，在文件的命名方面需要注意以下几点：

- 如果一个源文件中包含有公开（public）类的定义，则该源代码文件名必须与该公开类的名字完全一致，字母的大小写都必须一样。
- 一个源代码文件中最多只能有一个公开类的定义。
- 如果一个源代码文件中不包含公开类的定义，则该文件名可以任意取名，但建议与其中的一个类名完全相同。
- 如果在一个源代码文件中有多个类定义，则在编译时将为每个类生成一个.class 文件，.class 文件的文件名与类名相同，而与源代码文件名无关。
- 在同一个包中不能有同名的类存在，不论是在同一源代码文件中，还是在不同的源代码文件中。

（2）成员变量

成员变量体现的是类的属性，因此它被声明在类的内部和方法的外部。在一个类中，每个成员变量应该是唯一的。成员变量的作用域是整个类，类中的所有方法均可以访问成员变量。

①成员变量的声明

声明成员变量的语法格式如下：

[变量修饰符] 数据类型　变量名[=初始值];

其中，变量修饰符有 public、private、static 等；数据类型可以是基本数据类型，也可以是引用数据类型。初始值的数据类型应该与变量的数据类型一致。

②成员变量的引用

引用同一个类中的成员变量，可以直接通过变量名引用。如果存在同名的局部变量、方法参数变量或异常处理参数变量，则需要在成员变量前加上关键字 this，例如：

this.age=age;

如果是引用另一个类中的成员变量，需通过类或对象来引用。

**例 2-1**　创建 Person 类，并定义其成员变量。

```
class Person { //类的声明
    String name;    //成员变量
    boolean sex;
    int age;
    String address;
    String telephone;
    //成员方法
    public void display() {
        System.out.println("姓名:"+name+",电话:"+telephone);
    }
}
```

4．对象

当声明一个类时，就是定义了一个新的引用数据类型，可以用这个数据类型来声明这种类型的变量，即对象。

（1）声明对象

[变量修饰符]类名 对象名;

其中，类名将声明过的类作为一种引用数据类型；对象名作为一个变量来使用，命名遵从变量标识符命名的原则。例如：

  Person lisi;

  Person zhangsan;

  这两行代码定义了 Person 类的两个对象，即 lisi 和 zhangsan。

  （2）创建对象

  声明过的对象还不能被引用，必须使用 new 关键字创建这个对象。在创建的过程中，如果这个类定义相应的构造方法（下一任务提及），则还能用参数来初始化这个对象。

  创建对象的一般格式如下：

  对象名=new 类名([参数列表]);

  其中，类名必须与声明对象时的类名相一致。例如：

  zhangsan=new Person();

  即使没有参数，圆括号也不能省略。同时还可以将声明和创建对象写成一条语句。

  Person zhangsan=new Person();

  （3）使用对象

  声明和创建了一个对象以后，就能像使用变量那样使用它。使用的方式是通过读取它的属性、设置它的属性或者是调用它的方法来实现。

  ①引用对象的属性，需要使用点分隔符。

  对象名.成员变量名

  ②调用对象的方法，仍需使用点分隔符。当没有参数时，圆括号也不能省略。

  对象名.方法名([参数列表])

  **例 2-2** 为类 Person 创建对象，并使用成员变量。

```java
public class PersonObjectDemo {
    public static void main(String[] args) {
        Person lisi = new Person();        //声明和创建对象
        lisi.name = "李四";                  //访问成员变量
        lisi.telephone = "13883506677";
        lisi.display();
    }
}
```

这个例子需要同例 2-1 一起使用，两个类保存在同一包中。

### 2.1.5 应用实践

  类是面向对象技术中一个非常重要的概念。简单地说，类是同种对象的集合与抽象。类是一种抽象的数据类型，它是所有具有一定共性的对象的抽象。属于类的某一个对象则被称为类的一个实例，是类的一次实例化的结果。对于这些概念，需要进一步通过本实践来加深理解。

  Tom 成功定义了 A 类员工类并创建了 A 类员工的对象，现在，他需要将 A 类员工的对象创建及添加操作连接到菜单中。同理，定义 B 类和 C 类员工并成功创建对象且连接到菜单中进行操作。

# 任务 2.2 理解类的方法

## 2.2.1 情境描述

A 类员工的工资组成中，有一部分工资与该员工的工龄有密切的联系，故对于 A 类员工的工龄计算显得相当重要，他们的工龄随着时间的推移将发生改变。在对 A 类员工进行抽象定义时，最好能有 A 类员工的入职日期。通过入职日期和当前日期的差值得出该员工的工龄，为了计算得出该员工的工龄，Tom 需要完成以下任务：

（1）在类中定义方法。

（2）能够正确调用方法。

## 2.2.2 问题分析

Tom 首先需要在 Task2_1 的基础上对 A 类员工定义类进行部分属性修改，同时需要掌握类方法成员的定义，在计算工龄方法中需要掌握 Java 的日期类型及其操作。最后需要在主函数中调用该方法验证该类员工的正确性。

## 2.2.3 解决方案

（1）打开 Eclipse，选择 Task2_1 项目，执行复制，粘贴为新项目，命名为 Task2_2。

（2）打开 EmployeeA 类，修改类中的工龄成员变量，将其修改为入职日期。修改后的类如下：

```
package com.esms;
import java.util.Date; //引入的 Date 类

/**
 * A 类员工类
 * @author 李法平
 *
 */
public class EmployeeA {
    //以下是修改的部分
    //int employeeWorkYears;//工龄
    Date employeeEntryDate;//添加的入职日期成员变量
}
```

注：入职日期类 Date，所在包为 java.util.Date。在定义成员变量时，可以先写出 Date employeeEntryDate；之后通过快捷键 Ctrl+I 实现 Date 所在包的添加。

（3）添加工龄计算方法 getWorkYears()，工龄计算通过系统当前日期和员工的入职日期的差值获得，java.util.Date 类在以前版本中本身提供了 getYear 方法，但目前 JDK 已经废弃，需要通过 Calendar 对象对 Date 对象进行封装，在通过 Calendar 的 get 方法获取到年份，从而得到工龄。

```java
package com.esms;
import java.util.Date; //引入的 Date 类

/**
 * A 类员工类
 * @author 李法平
 *
 */
public class EmployeeA {
    /**
     * 计算工龄，通过系统当前日期的年份与员工的入职日期的差值获得
     * @return
     */
    public int getWorkYears() {
        int workYears = 0;    //定义局部变量，表示工龄
        Calendar cldNow = Calendar.getInstance();    //创建日历对象
        cldNow.setTime(new Date());    //设置日历对象的日期为当前日期
        Calendar cldEntryDate = Calendar.getInstance();    //创建日历日期
        cldEntryDate.setTime(this.employeeEntryDate);    //设置当前日期为员工入职日期
        workYears = cldNow.get(Calendar.YEAR) - cldEntryDate.get(Calendar.YEAR);
        //将 2 个日历日期进行年份相减
        return workYears;
    }
}
```

（4）修改 display 方法中的调用工龄的计算

```java
package com.esms;

import java.util.Date; //引入的 Date 类

/**
 * A 类员工类
 * @author 李法平
 *
 */
public class EmployeeA {
    /**
     * 输出员工信息
     */
    public void display() {
        //略
        //修改后的代码
        System.out.println("员工工龄： " + this.getWorkYears());
    }
}
```

（5）修改 Menus 类中的 employeeMenu 方法，便于接收用户输入的日期，针对日期输入，Scanner 类未能提供日期输入的封装，因此需要借助于 java.text.SimpleDateFormat 类来进行控

制输入的格式，例如：SimpleDateFormat fmt=new SimpleDateFormat ("yyyy-MM-dd")，则输入时，需要输入类似 2011-12-05 的格式。具体修改代码如下：

```
/**
     * 员工信息操作菜单
     *
     */
    public static void employeeMenu() {
                    //略
                    //修改以前接收工龄处代码
                    try {
                        System.out.print("请输入员工入职日期，格式 yyyy-MM-dd:");
                        SimpleDateFormat fmt = new SimpleDateFormat("yyyy-MM-dd");
                        //利用 SimpleDateFormat 的 parse 方法进行输入字符转换为日期
                        objTom.employeeEntryDate = fmt.parse(in.next());
                    } catch (Exception e) {
                        System.out.println("输入的日期格式不对")
                    }
    }
```

（6）保存、运行 Menu 菜单，验证输入的结果。

### 2.2.4　知识总结

前面提到类的声明，其中类体部分除了定义成员变量以外，还要体现该类支持的方法。变量和方法都是类的成员。

#### 1．成员方法

方法表示类所具有的功能或行为，它是一段用来完成某些操作的程序片断。方法类似于过程化编程语言中的函数。

（1）方法定义

方法的定义包含两部分：方法的声明和方法体。一个完整的方法定义格式如下：

```
[public|protected|private|static][final|abstract]
返回类型 方法名([参数列表]){      //方法声明
   //方法体
     局部变量声明
     所有合法的 Java 语句
}
```

其中，返回类型、方法名和一对圆括号是必须的，其他部分是可选项。

①返回值

对于一个方法，如果在声明中所指定的返回类型不为 void，则在方法体中必须包含 return 语句，返回指定类型的值。返回值的数据类型必须和声明中的返回类型一致，或者完全相同，或者是它的一个子类，当返回类型是接口时，返回的数据类型必须是实现该接口的类的对象。

如果方法没有返回值，方法的返回类型不能省略，必须写成 void，而且方法体中不能包含 return 语句。

②参数传递

参数的类型有基本数据类型和引用数据类型，传递的类型是根据参数的数据类型而确定的。

基本数据类型实现的是值传递，即方法中形参接收实际参数的值，对形参地址的改变不会影响到实参的值。

引用数据类型实现的是地址传递，即方法中实参传递给形参的是数据在内存中的地址，实参与形参共用一块地址空间，任何对形参地址里的值的修改都直接改变实参的值。

（2）使用方法

声明方法后，必须调用方法才能执行其中的代码，实现其功能。同使用成员变量的方法一样，通过运算符"."来调用对象的方法。

例如，调用前面定义的类 Person 中的成员方法：

```
Person dis=new Person();
dis.display();
```

注：在类中使用本类的成员变量或成员方法可以直接使用名称而不用通过"."运算符。

**例 2-3**　创建类，定义求两个数最大公约数的方法，并调用方法成员。

```
public class Example2_2 {
    int CommonDivisor(int m, int n) {        //声明方法成员
        if (m < n) {
            int c = m;
            m = n;
            n = c;
        }
        int d;
        do {
            d = m % n;
            m = n;
            n = d;
        } while (d != 0);
        return m;
    }

    public static void main(String args[]){
        Example2_2 CommonD=new Example2_2();        //声明并创建对象
        int x=108,y=16;
        int result=CommonD.CommonDivisor(x,y);    //调用方法成员
        System.out.println(x+"和"+y+"的最大公约数是："+result);
    }
}
```

程序运行结果如下：

108 和 16 的最大公约数是：4

2．构造方法

类中的一种特殊的方法，专门用来创建对象，并完成对象的初始化工作，这就是构造方法。构造方法有以下特点：

● 构造方法的方法名与类名相同。

● 构造方法没有返回值，在方法声明部分不能写返回类型，也不能写 void。

- 构造方法只能由 new 运算符调用，用户不能直接调用构造方法。
- 每个类中至少有一个构造方法。
- 定义类时如未定义构造方法，运行时系统会为该类自动定义默认的构造方法，称为默认构造方法。默认构造方法没有任何参数，并且方法体为空，它不做任何事情。

如果程序没有编写构造方法，编译器会自动创建缺省的构造方法。可以自行编写构造方法，用来对成员变量赋初值。

**例 2-4**　为 Person 类编写的构造函数。

```
class Person {
//成员变量
    String name;
    boolean sex;
    int age;
    String address;
    String telephone;
    //构造函数
    Person(){
        age=-1;
        name=null;
        sex=false;
        address=null;
        telephone=null;
    }
    //成员方法
    public void display() {
        System.out.println("这是类的方法成员调用!");
    }
}
```

**3. static 关键字**

使用 static 关键字可以定义静态变量和静态方法。

（1）静态变量

成员变量分为实例变量和静态变量。当 Java 程序被执行时，类的字节码文件被加载到内存，类中的静态变量就已经被分配了相应的内存空间。如果该类创建对象，那么不同对象的实例变量分配不同的内存空间。而静态变量不再重新分配内存，所有对象共享静态变量。也就是说，静态变量是和该类创建的所有对象相关联的变量，改变其中一个对象的这个静态变量会影响其他对象的这个静态变量。

静态变量不仅可以通过某个对象访问，也可以直接通过类名访问。而实例变量只能通过对象访问，不能使用类名访问。

（2）静态方法

声明为静态方法的方法需要在其返回类型前加上关键字 static。即使在类没有实例化任何对象的情况下，也可以执行静态方法，而实例方法只能被一个关联的特定对象所执行，如果没有对象存在，就不能执行实例方法。

需要注意的是：

- 实例方法既能对实例变量进行操作，也能对静态变量进行操作。
- 静态方法只能对静态变量进行操作。
- 构造方法是特殊的方法，不能声明为静态方法。
- 静态变量一般用于保存对象共有的变量。
- 静态方法一般用于提供公共的方法，这样可以避免创建对象。

（3）main()方法

main()方法必须是静态方法，这样才能通过类名来引用它，启动程序的运行，而不需要实例化 main()方法所在的类。

因为 main()方法是静态方法，它能访问本类的静态变量和静态方法，而不能访问本类的实例变量和实例方法。

下面通过两个实例来理解 main()方法对变量和方法的引用。

例 2-5　main()方法中引用静态变量和静态方法。

```java
public class Example2_4 {
    private static int x;                          //静态变量
    public static void main(String args[]) {
        x = 20;                                     //直接引用静态变量
        System.out.println(add(10));               //直接引用静态方法
    }
    static int add(int y) {                        //静态方法
        return x + y;
    }
}
```

例 2-6　main()方法中引用实例变量和实例方法。必须先创建对象，才能访问。

```java
public class Example2_5 {
    int x;                                          //实例变量
    public static void main(String args[]) {
        Example2_5 exam = new Example2_5();         //创建对象
        exam.x = 20;                                //使用对象访问实例变量
        System.out.println(exam.add(10));           //使用对象访问实例方法
    }
    int add(int y) {                                //实例方法
        return x + y;
    }
}
```

4. 日期类库

Java 类库包括官方的 Java API 类库和第三方类库。大多数计算机语言都会提供一系列应用程序接口（API），Java 语言的 API 称为 Java 类库，这是因为这些 API 都封装在类中，以类库的形式提供给程序员使用。这些类库提供了字符串处理、数学计算、绘图、网络等方面的功能，在程序中合理使用它们，可以极大地提高编程效率，降低代码量，并且提高代码的质量。Java API 类库的文档可以从 Sun Microsoft 公司网站中下载。

Java 提供了多种日期类，包括 Date、Time、Timestamp、Calendar 和 GregorianCalendar 等以及与日期有关的 DateFormat、SimpleDateFormat 和 TimeZone 类。计算机对日期的处理一般

使用毫秒为单位,计时的起点是"历元"(即格林尼治标准时间1970年1月1日00:00:00 GMT),用一个长整型数来表示。

（1）Date 类

Date 类表示日期和时间,提供操纵日期和时间各组成部分的方法,Date 类的最佳应用之一是获取系统当前时间。在许多场合,应该使用 Calendar 类,使用 DateFormat 类来格式化和分析日期字符串。

① Date 类的构造方法

- Date():分配 Date 对象并初始化此对象,以表示分配它的时间,精确到毫秒。
- Date(long date):分配 Date 对象并初始化此对象,以表示自从标准基准时间以来的指定毫秒数。

② Date 类的常用方法

- int getYear():返回年份,以 1900 年为 0 计。
- long getTime():返回自历元以来此 Date 对象表示的毫秒数。
- void setTime(long time):设置此 Date 对象,以表示历元以后 time 毫秒的时间点。

（2）Calendar 类

根据给定的日期时间对象,Calendar 类可以用 YEAR 和 MONTH 等 Calendar 常量的形式检索信息。Calendar 类是抽象的,因此不能像 Date 类一样实例化。使用 getInstance()方法获取 Calendar 类的实例。

①static Calendar getInstance():使用默认时区和语言环境获得一个日历,有年、月、日等属性值。

②Date getTime():返回一个表示此 Calendar 时间值的 Date 对象。

③int get(int field):返回给定日历字段的值。field 字段可用的是 Calendar 类定义的常量,如 Calendar.YEAR、Calendar.MONTH 等。

④void set(int year,int month,int date):设置日历字段年、月、日的值。

⑤void setTime(Date date):使用给定的 Date 设置此 Calendar 的时间。

（3）SimpleDateFormat 类

SimpleDateFormat 类是在 java.text 包中的,它是一个以与语言环境相关的方式来格式化和分析日期的具体类。它允许用日期和时间模式对日期进行格式化和分析日期。

①SimpleDateFormat 类的构造方法

- SimpleDateFormat():用默认的模式和语言环境的日期格式符号构造 SimpleDate-Format。
- SimpleDateFormat(String pattern):用给定的模式和语言环境的日期格式符号构造 SimpleDateFormat。

②SimpleDateFormat 类的常用方法

- String format(Date date):将给定的 Date 格式化为日期/时间字符串。
- Date parse(String source):解析给定的字符串,以生成一个日期。

### 2.2.5 应用实践

通过本实践,对于类方法的定义和调用,加深理解和应用。

声明一个矩形类，定义成员变量和方法，并创建一个矩形对象，通过设置长和宽，输出其周长和面积。

```java
public class Practise2_2_5 {
    float length;                          //成员变量
    float width;
    float area;
    float perimeter;
    public Practise2_2_5() {               //构造方法
        length = 8;
        width = 5;
    }
    public float Area() {                  //成员方法，计算面积
        area = length * width;
        return area;
    }
    public float Perimeter() {             //成员方法，计算周长
        perimeter = 2 * (length + width);
        return perimeter;
    }
    public void ModifyData(float x, float y) {              //成员方法，修改边长
        length = x;
        width = y;
    }
    public static void main(String args[]) {
        Practise2_2_5 rectangle = new Practise2_2_5();      //声明矩形对象
        System.out.println("长" + rectangle.length + ",宽" + rectangle.width+ ";面积是: " + rectangle.Area()
+ ",周长是: " + rectangle.Perimeter());
        float len = 10;
        float wid = 8;
        rectangle.ModifyData(len, wid);                     //调用成员方法，修改边长
        System.out.println("长" + rectangle.length + ",宽" + rectangle.width+ ";面积是: " + rectangle.Area()
+ ",周长是: " + rectangle.Perimeter());
    }
}
```

# 任务小结

1. 了解对象的基本特性。
2. 认识对象的基本术语：类和对象。
3. 掌握类的声明方法。
4. 掌握类的成员变量和成员方法的声明。
5. 掌握对象的创建和使用。
6. 理解静态变量和静态方法。

# 练习作业

1. 下列程序有什么错误？

```java
public class Exercise2_1{
    int a=90;
    static float b=10.98;
    public static void main(String args[]){
        float c=a+b;
    System.out.println("c="+c);
    }
}
```

2. 创建一个名为 Students 的类，它具有的属性分别为字符串型的 stuName、整型的 stuAge 和整型的 stuNum。在 Students 类中定义 studentNum()方法，获得 stuNum 的值。另外定义一个接受 stuName 和 stuNum 参数的构造方法。

再定义一个 ClassOne 类，并调用 Students 的 studentNum()方法。

3. 创建一个桌子 Table 类，该类中有桌子名称、重量、桌面宽度、长度及桌子高度属性。还有以下几个方法：

构造方法：初始化所有成员变量。

area()：计算桌面面积。

display()：输出所有成员变量的值。

changeWeight(int w)：改变桌子重量。

在 main()中实现创建一个桌子对象，计算桌面面积，改变桌子重量，并输出所有属性值。

# 第三章 面向对象基本特性

面向对象程序设计是一种先进的编程思想，更加容易解决复杂的问题。面向对象系统最突出的特性是封装性、继承性和多态性。

学习完本章节，您能够：

● 理解封装的概念。
● 实现对象封装特性。
● 实现继承特性。
● 使用接口。
● 掌握对象的多态性。

## 任务 3.1 保护个人数据

### 3.1.1 情境描述

Tom 设计的 A 类员工类，外部可以直接访问它的成员变量，在现实社会中，一个对象的某些属性外界是不可以得知的，因此需要针对个人的数据成员进行隐藏保护。为了保护 A 类员工的个人数据，他需要完成以下任务：

（1）设置访问区分符。
（2）设置 getter 和 setter。

### 3.1.2 情景分析

针对数据成员进行封装是面向对象的基本特性，java 提供 public、protected，private 及包封装四种，封装可以针对数据成员，也可以针对类。同时 java 也提供 getter 和 setter 方法对成员变量进行读写封装，进一步提高数据成员封装性。

### 3.1.3 解决方案

（1）打开 Eclipse，选择 Task2_2，复制之后粘贴为 Task3_1 项目。
（2）选择 Task3_1 项目，打开 EmployeeA 类，针对当前 EmployeeA 的成员变量进行访问区分符限定，一般情况下，针对成员变量的封装采取 private 封装，针对成员方法的封装，采取 public 封装。封装后的代码如下：

```
public class EmployeeA {
    private String employeeNo;          //工号
    private String employeeName;        //姓名
    private String employeeGender;      //性别
    private String employeeDepartment;  //所属部门
    private String employeePos;         //职务
```

```
        private String employeeTitlePos;          //职称
        private Date employeeEntryDate;           //入职日期
    }
```

（3）对 EmployeeA 类的数据成员进行 getter 和 setter 方法封装。在 Eclipse 中，可以执行"Source"菜单下的"Generate Getters and Setters…"选项，进行访问 getter 和 setter 封装，如图 3-1 所示。

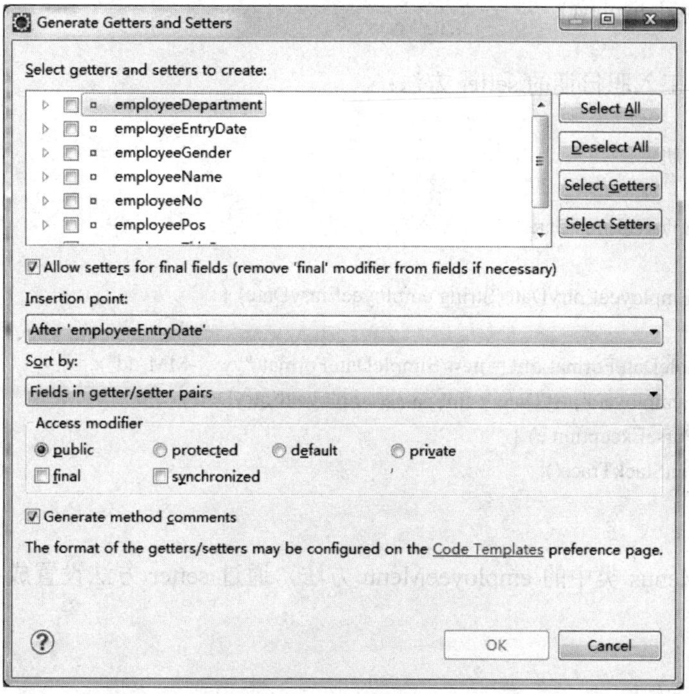

图 3-1 创建 getter 和 setter 方法

设置了 getter 和 setter 的类 EmployeeA 的成员如下：

```
public class EmployeeA {
    private String employeeNo;              //工号
    private String employeeName;            //姓名
    private String employeeGender;          //性别
    private String employeeDepartment;      //所属部门
    private String employeePos;             //职务
    private String employeeTitlePos;        //职称
    private Date employeeEntryDate;
    public String getEmployeeNo();
    public void setEmployeeNo(String employeeNo);
    public String getEmployeeName();
    public void setEmployeeName(String employeeName);
    public String getEmployeeGender();
    public void setEmployeeGender(String employeeGender);
    public String getEmployeeDepartment();
    public void setEmployeeDepartment(String employeeDepartment);
```

```java
    public String getEmployeePos();
    public void setEmployeePos(String employeePos);
    public String getEmployeeTitlePos();
    public void setEmployeeTitlePos(String employeeTitlePos);
    public Date getEmployeeEntryDate();
    public void setEmployeeEntryDate(Date employeeEntryDate);
    public int getWorkYears();
    public void display();
}
```

（4）修改员工入职日期的 setter 方法：

```java
/**
 * 设置入职日期
 *
 * @param employeeEntryDate
 */
public void setEmployeeEntryDate(String employeeEntryDate) {
    try {
        SimpleDateFormat fmt = new SimpleDateFormat("yyyy-MM-dd");
        this.employeeEntryDate = fmt.parse(employeeEntryDate);
    } catch (ParseException e) {
        e.printStackTrace();
    }
}
```

（5）修改 Menus 类中的 employeeMenu 方法，通过 setter 方法设置成员变量的值。具体代码如下：

```java
/**
 * 员工信息操作菜单
 */
public static void employeeMenu() {
    //略
        //以下是方法中 case 1 的部分修改结果
        EmployeeA objTom = new EmployeeA();
        System.out.print("请输入员工号:");
        objTom.setEmployeeNo(in.next());
        System.out.print("请输入员工姓名:");
        objTom.setEmployeeName(in.next());
        System.out.print("请输入员工性别:");
        objTom.setEmployeeGender(in.next());
        System.out.print("请输入所属部门:");
        objTom.setEmployeeDepartment(in.next());
        System.out.print("请输入员工职务:");
        objTom.setEmployeePos(in.next());
        System.out.print("请输入员工职称:");
        objTom.setEmployeeTitlePos(in.next());
        System.out.print("请输入员工入职日期，格式 yyyy-MM-dd:");
        objTom.setEmployeeEntryDate(in.next());
    }
```

（6）完成封装及其访问。

### 3.1.4　知识总结

#### 1. 封装

一个对象的变量构成这个对象的核心，一般不将其对外公开，而是将其变量处理的方法对外公开，这样变量就被隐藏起来，这种将对象的变量置于方法的保护之下的方法，被称为封装。封装是将对象的状态和行为捆绑在一起的机制，通过对对象的封装，数据和基于数据的操作封装在一起，使其构成一个不可分割的独立实体，数据被保护在对象的内部，尽可能地隐藏内部的细节，只保留一些对外接口使之与外部发生联系。封装实际上就是对于访问权限的控制操作。

#### 2. 访问权限控制

在 Java 中，针对类的每个成员变量和方法都有访问权限的控制。Java 支持四种用于成员变量和方法的访问级别：public、protected、private 和包访问控制。这种访问权限控制实现了一定范围内的隐藏。表 3-1 列出了不同范围的访问权限。

表 3-1　类成员访问权限作用范围

| 作用范围<br>访问权限 | 同一个类中 | 同一个包中 | 不同包中的子类 | 不同包中的非子类 |
|---|---|---|---|---|
| private | √ | × | × | × |
| 包访问控制 | √ | √ | × | × |
| protected | √ | √ | √ | × |
| public | √ | √ | √ | √ |

注：表中"√"表示可以访问，"×"表示不可以访问

（1）private

类中限定为 private 的成员变量和成员方法只能被这个类本身的方法访问，它不能在类外通过名字来访问。private 的访问权限有助于对客户隐藏类的实现细节，减少错误，提高程序的可修改性。

建议把一个类中所有的实例变量设为 private，必要时，用 public 方法设定或读取实例变量的值。类中的一些辅助方法也可以设为 private 访问权限，因为这些方法没有必要让外界知道，对他们的修改也不会影响程序的其他部分。这样类的编程人员就控制了如何操纵类的数据。

另外，对于构造方法，也可以限定它为 private。如果一个类的构造方法声明为 private，则其他类不能通过构造方法生成该类的一个对象，但可以通过该类中一个可以访问的方法间接地生成一个对象实例。

（2）包访问控制

如果在成员变量和成员方法前不加任何访问权限修饰符，则默认为包访问控制。这样同一包内的其他所有类都能访问该成员，但对包外的所有类就不能访问。包访问控制允许将相关的类都组合到一个包里，使它们相互间方便进行沟通。

（3）protected

类中限定为 protected 的成员可以被这个类本身、它的子类（包括同一包中的和不同包中的子类）以及同一包中所有其他的类访问。如果一个类有子类，而不管子类是否与自己在同一包中，都想让子类能够访问自己的某些成员，就可以将这些成员声明为 protected 访问类型。

（4）public

类中声明为 public 的成员可以被所有的类访问。public 的主要用途是让类的客户了解类提供的服务，即类的公共接口，而不必关心类是如何完成其任务的。将类的实例变量声明为 private，并将类的方法声明为 public 就可以方便程序的调试，因为这样可以使数据操作方面的问题局限在类的方法中。

3. setter 和 getter 方法

前面提到，一个类的成员变量一旦被定义为 prviate，就不能被其他类访问，那么外部如何实现对这些成员变量的操纵呢？一个好的办法就是为 private 成员变量提供一个公有的访问方法，外界通过公有的方法来访问它。Java 提供访问器方法，即 getter 和 setter 方法，通过访问器方法，其他对象可以读取和设置 private 成员变量的值。这样做的好处是 private 成员变量可以得到保护，防止错误的操作，因为在访问器方法中可以判断操作是否合法。

（1）getter 方法：读取对象的属性值，只是简单的返回。语法格式为：

```
public attributeType getAttributeName();
```

其中，AttributeName 是读取成员变量的名字，首字母要大写，方法没有参数，返回类型和被读取成员变量的类型一致。

（2）setter 方法：设置对象的属性值，可以增加一些检查的措施。语法格式为：

```
public void setAttributeName(attributeType parameterName);
```

其中，AttributeName 是成员变量的名字，首字母要大写，方法参数类型与要设置的成员变量的类型一致，方法没有返回值。

**例 3-1**    getter 和 setter 方法的使用。

```java
class Student { //类的声明
    private String name;        //成员变量
    private int age;
    public void setName(String name) {        //设置 name 属性值
        this.name = name;
    }
    public void setAge(int age) {
        if (age >= 0 && age <= 200) {        //设置正确的年龄范围
            this.age = age;
        } else
            System.out.println("error,age between 0 and 200");
    }
    public String getName() {        //读取 name 属性值
        return name;
    }
    public int getAge() {        //读取 age 属性值
        return age;
    }
}
```

```
public class StudentObjectDemo {
    public static void main(String[] args) {
        Student s = new Student();    //声明和创建对象
        s.setName("张三");    //调用 setter 方法
        s.setAge(30);
        System.out.println("姓名：" + s.getName() + ",年龄：" + s.getAge());    //调用 getter 方法
    }
}
```

从本例中可以看到，每一个 private 成员变量都有一对 getter 和 setter 方法，在 setAge 方法中对输入的变量值进行了验证，如果不符合要求则拒绝修改，从而有效地保护了数据。

### 3.1.5　应用实践

在 Java 中，封装的概念比较多，这里只是列出了通过 private 等访问权限的控制来实现数据的封装，更多的应用在以后会陆续地接触到。通过本实践，更进一步加深对封装的理解。

1. 利用 setter 和 getter 方法，修改应用实践 2.2.5，声明一个矩形类，定义成员变量和方法，并创建一个矩形对象，通过设置长和宽，输出其周长和面积。对于其中长和宽设置值验证机制，只能为正数。

2. 扩展：针对 B 类员工及 C 类员工进行封装及其封装访问。

# 任务 3.2　类的继承性

### 3.2.1　情境描述

代码复用是面向对象的重要特性之一，Tom 所定义的 EmployeeA，EmployeeB 及 EmployeeC 三个类均存在相同的成员变量及成员方法，当前的类定义方式违背了复用的原则，为了提高代码的复用，Tom 需要完成以下任务：

（1）理解继承性。

（2）定义基类。

（3）从基类派生子类。

（4）定义抽象方法。

### 3.2.2　问题分析

Java 语句是纯面向对象语言，因此实现代码复用的方法就是继承，将当前的 A、B、C 三类员工的功能属性和共同行为抽象定义为基类 Employee 类，由 Employee 类派生出子类 EmployeeA、EmployeeB、EmployeeC。

就 A、B、C 三类员工同样存在相同的行为，例如 display 方法，他们的方法名称相同，但是实现过程不一样，在解决 display 行为统一时，可以在基类 Employee 中声明 display 方法，在子类中重新定义。

### 3.2.3　解决方案

（1）打开 Eclipse，选择 Task3_1 项目，进行复制，粘贴形成新项目 Task3_2。

（2）选中 Task3_2 项目，打开 EmployeeA 类，选择菜单"Refactor"→"Extract SuperClass..,"进入图 3-2 所示界面，在"Superclass name"后输入 Employee，在"Types to extract a superclass from"部分，单击"Add"按钮，添加 EmployeeB 和 EmployeeC，最后勾选需要提取到基类的成员变量及成员方法。

图 3-2　重构父类图

单击"Next"进行重构类勾选，选中 EmployeeA、EmployeeB 及 EmployeeC 需要重构的字段，如图 3-3 所示。

（3）单击 Finish 按钮，重构后形成 Employee 类及其字段 EmployeeA、EmployeeB、EmployeeC。

1）Employee 类

```java
//Employee.java
public class Employee {
    protected String employeeNo;
    protected String employeeName;
    protected String employeeGender;
    protected String employeeDepartment;
    protected String employeePos;
    public String getEmployeeNo();
    public void setEmployeeNo(String employeeNo);
```

```
        public String getEmployeeName() ;
        public void setEmployeeName(String employeeName) ;
        public String getEmployeeGender() ;
        public void setEmployeeGender(String employeeGender) ;
        public String getEmployeeDepartment();
        public void setEmployeeDepartment(String employeeDepartment);
        public String getEmployeePos() ;
        public void setEmployeePos(String employeePos);
}
```

图 3-3　重构字段

## 2）EmployeeA 子类

```
//EmployeeA.java
public class EmployeeA extends Employee {
        private String employeeTitlePos;
        private Date employeeEntryDate;
        public String getEmployeeTitlePos();
        public void setEmployeeTitlePos(String employeeTitlePos) ;
        public Date getEmployeeEntryDate() ;
        public void setEmployeeEntryDate(String employeeEntryDate) ;
        public int getWorkYears();
        public void display();
}
```

## 3）EmployeeB 子类

```
//EmployeeB.java
public class EmployeeB extends Employee {
    private String employeeTitlePos;//职称
    private int employeeWorkTimes;//月工作时间
    public String getEmployeeTitlePos();
    public void setEmployeeTitlePos(String employeeTitlePos) ;
    public int getEmployeeWorkTimes();
    public void setEmployeeWorkTimes(int employeeWorkTimes);
    public void display() ;
}
```

4）EmployeeC 子类

```
//EmployeeC.java
public class EmployeeC extends Employee {
    private int employeeWorkTimes;//月工作时间
    public int getEmployeeWorkTimes();
    public void setEmployeeWorkTimes(int employeeWorkTimes);
    public void display() ;
}
```

（4）修改 Employee 类为抽象类，再添加抽象方法 display。具体声明如下：

```
public abstract class Employee {
    public abstract void display();//声明统一的抽象方法
}
```

### 3.2.4　知识总结

1．继承的概念

继承性是面向对象程序设计的一个重要特征。通过继承，子类可以继承基类的属性和方法，还可以加以扩展，或者修改原有的方法，从而提高程序的扩展性和灵活性。通过继承，子类可以复用基类的代码，从而提高编程的效率。

其中，被继承的类称为基类、超类或父类（super class）；继承的类称为继承类或子类，它在基类的基础上增加新的属性、方法；一个父类可以同时拥有多个子类，但 Java 中不支持多重继承，所以一个类只能有一个直接父类。

2．类的继承

（1）子类的声明

在 Java 语言中，所有的类都是直接或间接地继承自 java.lang.Object 类。通常在类的声明中加入 extends 关键字来创建一个类的子类，其形式如下：

```
[修饰符] class 子类类名 extends 父类类名
{
    //语句体
}
```

如果没有 extends 关键字指明基类，则默认基类是 java.lang.Object。如前面章节中创建的类。

创建成功后，子类实际拥有的成员变量和方法有：

①子类本身拥有的成员变量和方法。

②基类及其祖先的 public 和 protected 成员变量和方法。

③如果子类与基类在同一个包中，则包括基类的（default）成员变量和方法；如果不在同一个包中，则不包括基类的（default）成员变量和方法。

④不包括基类的 private 成员变量和方法。子类也不能访问基类的 private 成员变量和方法。

（2）成员变量的隐藏和成员方法的覆盖

如果子类中声明了与基类同名的成员变量，则在子类中基类的成员变量被隐藏。子类仍然继承了基类的成员变量，只是将成员变量的名字隐藏，使其不可直接被访问。

如果子类定义的方法与基类中的方法具有相同的名字、相同的参数表和相同的返回类型，则基类的方法被重写，在子类中基类的成员方法被覆盖。

子类通过成员变量的隐藏和成员方法的覆盖可以把基类的属性和方法改变为自身的属性和方法。

例 3-2　隐藏成员变量和覆盖成员方法

```java
class Stu {
    String name;
    int age;
    int number;

    public void display() {
        System.out.println("name:" + name + "\n" + "age:" + age);
    }
}

class GraduateStu extends Stu {        //声明子类 GraduateStu
    int number;                        //隐藏了父类的 number 属性
    String mentorName;                 //增添了新的 mentorName 属性

    public void display() {            //覆盖了父类的方法
        System.out.println("name:" + name + "\n" + "age:" + age);
        System.out.println("his mentor is:" + mentorName);
    }
}
```

注意：子类中不能覆盖基类中的 final 方法；子类中必须覆盖基类中的 abstract 方法，否则子类也为抽象类。

（3）继承的特点

● 重用性：在继承关系中，基类中已经存在的代码，包括属性和方法，可以继承到子类中。

● 可靠性：通过继承的方式利用 java API 类库及第三方类库，可以提高代码的可靠性。

● 扩展性：子类可以增添新的属性和方法，加强子类的功能。通过继承来扩展现有程序的功能，比重新设计程序更容易一些。

（4）super 关键字

如果子类隐藏了基类的成员变量或者覆盖了基类的成员方法，而有时还需要使用父类中的那些成员变量和方法，这时就需要借助 Java 中的 super 关键字来实现对父类成员的访问。

- 访问被隐藏的直接基类的同名成员变量：

super.成员变量

- 访问直接基类中被覆盖的同名方法：

super.成员方法([参数列表])

- 访问直接基类的构造方法：

super([参数列表])

注意：

①如果存在多层继承，可以通过直接基类的方法来间接引用；

②引用基类的构造方法时，子类构造方法中 super()语句必须是第一条语句。先初始化基类，再初始化子类。

③不能从非构造方法中引用基类的构造方法。

④如果不存在同名的成员变量或方法，一般不需要用 super 关键字。

（5）final 关键字

final 关键字可以修饰类、成员变量和方法中的参数。

被 final 关键字修饰的类称为 final 类，不能被继承，即不能有子类。有时候出于安全性考虑，将一些类修饰为 final 类。如 String 类，它对于编译器和解释器的正常运行有很重要的作用，对它不能轻易地改变，因此它被修饰为 final 类。

如果一个方法被修饰为 final 方法，则这个方法不能被覆盖。

如果一个成员变量被修饰为 final，则它将成为常量，且必须初始化，不能再发生变化。如：final double PI=3.1415926;。

3. 抽象类

包含一个抽象方法的类称为抽象类，抽象方法是只声明而未实现的方法，所有的抽象方法必须使用 abstract 关键字声明。声明抽象类的格式与声明类的格式相同，但要用 abstract 修饰符指明它是一个抽象类。

定义抽象方法的语法格式与普通的方法有些不同：

abstract 返回类型  方法名([参数列表]);

可以看出，抽象方法没有方法体，直接用分号结束。具体的抽象方法必须在子类中被实现。

对于抽象类，不能直接进行 new 关键字实例化的操作。但可以声明，在声明抽象类时，将规范其子类所应该有的方法。如果想使用抽象类，则必须依靠子类，抽象类是必须被子类继承的，而且子类需要实现抽象类中的全部抽象方法。因此，抽象类不允许使用 final 关键字声明，因为被 final 声明的类不能有子类。

抽象类的用途：通过对抽象类的继承可以实现代码的复用；可以规范子类的行为。

### 3.2.5  应用实践

通过本实践，加深对继承的理解，并综合运用抽象类等知识。

利用抽象类，完成继承的实现：求圆和矩形的面积。

```java
abstract class Shape {     //抽象类
    public String color = "white";
    abstract double area();    //抽象方法
    public String getColor() {
```

```
            return color;
        }
}
class CircleShape extends Shape {      //继承基类，同时继承其属性和方法
    public double radius;              //声明自身独有的属性
    public double area() {             //必须实现 area()方法
        return Math.PI * radius * radius;
    }
}
class RectangleShape extends Shape {
    public double length;
    public double width;
    public double area() {             //必须实现 area()方法
        return length * width;
    }
}
public class Practise3_2_5 {
    public static void main(String args[]) {
        RectangleShape r = new RectangleShape();
        r.length = 10;
        r.width = 8;
        System.out.println("矩形的面积是：" + r.area());
        CircleShape c = new CircleShape();
        c.radius = 5;
        System.out.println("圆的面积是：" + c.area());
    }
}
```

# 任务 3.3  接口

## 3.3.1  情境描述

在工资管理系统中，所涉及到的员工信息、工资信息等均需要进行数据的显示及存储操作，数据的显示和存储从计算机的结构上讲均是数据的输出，数据显示是输出到显示器，数据存储是输出到硬盘。针对不同对象的显示和输出行为，从本质上讲，属于同一行为，只是实现手段不同而已。Tom 正在考虑如何利用 Java 语言来统一不同行为，为了达到这个目的，他需要完成以下任务：

（1）定义接口及接口中的方法。

（2）实现接口及重写方法。

## 3.3.2  问题分析

在现实社会中，很多不同的对象存在相同的行为，例如飞的动作，飞机可以飞，鸟也可以飞。将这种相同行为进行统一，就形成标准，形成接口，类似 USB 接口，只要满足他的规

范，均可以连接到 USB 接口上。Java 语言在模拟现实社会对象的行为过程中，同样能够将对象的相同行为统一定义，称为 Interface（接口）。员工、工资的信息显示问题，可以抽象定义接口 Output，同时需要抽象定义方法 print，print 可以输出到文件、可以输出到打印机等。

### 3.3.3　解决方案

（1）打开 Eclipse，选择 Task3_2 项目，执行复制，之后粘贴为新项目，命名为 Task3_3。

（2）选择 File→New→interface，新建接口，命名为 "Output"，如图 3-4 所示。

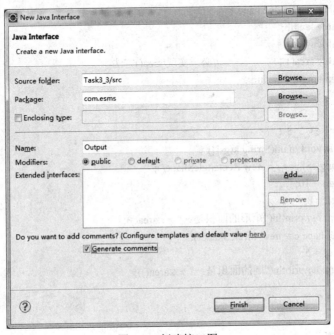

图 3-4　创建接口图

代码如下：

```
/**
 * 实现显示、打印行为的公共行为定义
 */
package com.esms;

/**
 * @author 李法平
 *
 */
public interface Output {


}
```

（3）在 Output 接口中添加 print 方法用于显示输出。

```
public interface Output {
void print();//输出方法声明

}
```

（4）在 A 类员工中实现输出行为，实现接口的行为。

```
public class EmployeeA extends Employee implements Output    {
//略
    @Override
    public void print() {//显示输出
        display();
    }
```

（5）创建 Salary 工资类，实现接口 Output，并实现 print 方法。在 Eclipse 中，可以在新建类的新建接口对话框中单击"Add"按钮，弹出"Implemented Interfaces Selection"窗体，在弹出窗体中输入"Output"并且单击"Add"按钮，之后关闭弹出窗体。并单击新建类窗口的"Finish"按钮，完成新建操作。如图 3-5 所示。

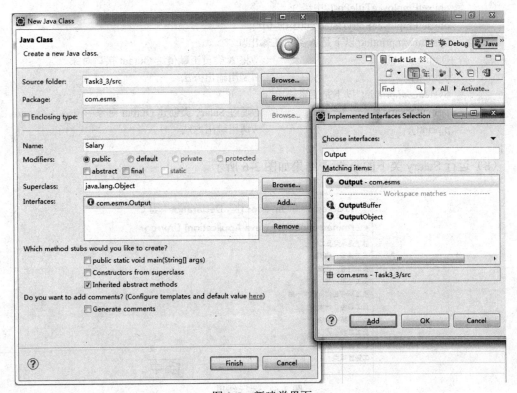

图 3-5　新建类界面

代码如下：

```
public class Salary implements Output {
    @Override
    public void print() {


    }
}
```

（6）在 print 方法中输出到显示器，用于测试方法。

```
public class Salary implements Output {
    @Override
```

```
        public void print() {
            System.out.println("工资管理类");
        }
}
```

（7）在 Salary 类中，添加 main 函数测试 A 类员工输出及工资输出。具体代码如下：

```
public static void main(String[] args) {
        EmployeeA obj=new EmployeeA();          //定义 A 类员工类
        obj.setEmployeeNo("001");               //设置 A 类员工对象值
        obj.setEmployeeName("约翰");
        obj.setEmployeeGender("男");
        obj.setEmployeeDepartment("技术一部");
        obj.setEmployeePos("技术员");
        obj.setEmployeeTitlePos("中级");
        obj.setEmployeeEntryDate("2005-07-01");
        System.out.println("以下是 A 类员工输出");
        Output p=obj;                           //将 A 类员工赋值给 Output 接口对象
        p.print();                              //调用输出方法
        System.out.println("以下是工资输出");
        p=new Salary();                         //通过 Salary 类创建 Output 对象
        p.print();                              //调用输出方法
}
```

（8）运行 Salary 类下的 main，结果如图 3-6 所示。

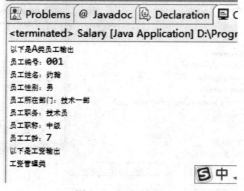

图 3-6    运行结果

### 3.3.4    知识总结

**1. 接口概念**

接口是方法定义和常量值的集合，接口中定义的方法都是抽象方法，实现接口的类要实现接口中定义的所有方法。接口的用处主要体现在以下几个方面：

- 通过接口实现不相关类的相同方法，而不需要考虑这些类之间的层次关系。
- 通过接口可以指明多个类需要实现的方法。
- 通过接口可以了解对象的交互界面，而不需要了解对象所对应的类。

总之，接口的引入实现了某种意义上的多继承，并且一个类可以实现多个接口。

## 2．接口定义

接口的定义包括接口声明和接口体，其语法格式如下：

```
[public] interface 接口名 [extends 父接口列表]{
    //接口体
    //常量域声明
    [public] [static] [final] 域类型　域名=常量值;
    //抽象方法声明
    [public] [abstract] 返回值类型 方法名([参数列表]);
}
```

其中：

（1）使用 extends 来继承父接口，与类中的 extends 不同的是，它可以有多个父接口，各接口间用逗号隔开。

（2）接口可以有静态的公开常量，用 public static final 加以修饰。

（3）接口中所有的方法都是抽象的和公开的，即用 public abstract 修饰的。

（4）与抽象类一样，接口不能被实例化。

## 3．接口实现

接口中声明了一组方法，而具体地实现接口的方法，则需要某个类来实现。在类的声明中使用 implements 关键字来实现接口，一个类可以同时实现多个接口。

```
Class 类名 implements 接口 1 [接口 2,接口 3,…,接口 n]{
类体
}
```

其中：

● 若实现接口的类不是抽象类，则必须实现所有接口的所有方法。

● 一个类在实现接口的抽象方法时，必须使用完全相同的方法名、参数列表和相同的返回值类型。

● 接口中抽象方法的访问修饰符默认为 public，所以在实现中必须显式地使用 public 修饰符。

接口作为对类的抽象，主要作用是规范类的方法，接口不能实现代码的复用。接口的主要应用有两种方式：

（1）实现接口：通过类对接口的实现，实现接口中规范的方法，不同的实现类对方法的实现可能不同，从而实现了多态性。

（2）接口作为参数：接口可以作为方法定义时的参数，在实际调用方法时传入接口的实现类。传入不同的实现类，实现不同的行为，从而体现了多态性。

### 3.3.5　应用实践

1．通过接口实现对圆、矩形求周长和面积。

```
interface Shape1 {                   //声明接口
    double PI = 3.1415926;           //定义常量
    double area();                   //接口是高度抽象的，因此省略了 abstract 关键字
}
interface Shape2 {
    double perimeter();                            //默认为 public 修饰符
```

```
    }
class Rectangle2 implements Shape1, Shape2 {          //实现两个接口
    public double length, width;
    public double area() {                            //实现抽象方法
        return length * width;
    }
    public double perimeter() {
        return 2 * (length + width);
    }
}
class Circle2 implements Shape1, Shape2 {             //实现两个接口
    public double radius;
    public double area() {
        return PI * radius * radius;
    }
    public double perimeter() {
        return 2 * PI * radius;
    }
}
public class Practise3_3_5 {
    public static void main(String args[]) {
        Rectangle2 r = new Rectangle2();
        Circle2 c = new Circle2();
        r.length = 10;
        r.width = 8;
        System.out.println("矩形的面积是：" + r.area()+",周长是："+r.perimeter());
        c.radius = 5;
        System.out.println("圆的面积是：" + c.area()+",周长是："+c.perimeter());
    }
}
```

2. 扩展练习：利用接口及继承性实现 A、B、C 类员工的工资类的定义。

# 任务 3.4    静态多态性

### 3.4.1    情境描述

    Tom 开发的工资管理系统中，相同类型的员工的工资计算方式往往存在多种，比如 A 类员工，员工的加班与否往往影响工资的计算，为了适应不同方式的工资计算，Tom 需要完成以下任务：

    （1）理解方法重载。

    （2）定义重载方法。

    （3）调用重载方法。

### 3.4.2    问题分析

    工资计算是一个复杂问题，相同员工由于工种、职务、劳动强度不同等情况，可能造成

工资计算的方式不同，这就是所谓的行为相同，但是行为的执行过程多样，这就是多态性，Java语言提供方法重载来实现多态性。

### 3.4.3 解决方案

（1）打开 Eclipse，选中 Task3_3，执行复制，粘贴为新项目 Task3_4。

（2）打开 SalaryB.java 文件，添加构造方法，用于初始化 SalaryB 中的所有的成员变量。

```
/**
    * 构造方法
    *
    * @param obj
    * @param wage
    */
    public SalaryB(EmployeeB obj) {
        super(obj);
        this.baseWage = 0;
        this.posWage = 0;
        this.timeWge = 0;
    }
/**
    * 构造方法
    *
    * @param obj
    * @param wage
    * @param baseWage
    * @param posWage
    * @param ageWage
    * @param timeWage
    */
    public SalaryB(EmployeeB obj, double baseWage, double posWage,
            double timeWage) {
        super(obj);
        this.baseWage = baseWage;
        this.posWage = posWage;
        this.timeWge = timeWage;
    }
```

注：当前 B 类员工的工资构造方法由以前带 2 个参数的方法的基础上，增加了一个新的方法。2 个构造方法的名称相同，但是参数不同。

（3）针对某些员工可能存在的加班情况，扩展 calWages 方法，便于实现加班员工的工资计算问题。

```
/*
    *工资计算       *
    * @see com.esms.Salary#calWages()
    */
    @Override
```

```
public void calWages() {
    EmployeeB obj=(EmployeeB)this.empObj;
    this.wage = this.baseWage + this.posWage +
                    this.timeWge*obj.getEmployeeWorkTimes() ;
}
/**
 * 具备加班工资的工资计算
 *
 * @param addWage
 */
public void calWages(double addWage) {
    calWages();
    this.wage = this.wage + addWage;
}
```

（4）在 SalaryB 类中添加 main 方法，测试未加班 B 类员工工资及加了班的员工工资。

```
EmployeeB objTom = new EmployeeB();        //创建员工对象
    objTom.setEmployeeNo("001");           //设置工号
    objTom.setEmployeeName("汤姆");        //设置姓名
    objTom.setEmployeeWorkTimes(50);       //工资小时数量
    SalaryB salaryTom = new SalaryB(objTom);
    salaryTom.setBaseWage(1500);           //基本工资
    salaryTom.setPosWage(450);             //岗位工资
    salaryTom.setTimeWge(30);              //记时工资单位数量
    //工资计算
    salaryTom.calWages();
    System.out.println("以下是未加班的 B 类员工 Tom 的工资： ");
    //输出当前员工的工资
    salaryTom.print();
    EmployeeB objJack=new EmployeeB();
    objJack.setEmployeeNo("002");
    objJack.setEmployeeName("杰克");
    objJack.setEmployeeWorkTimes(56);
    //第二个构造方法构造对象
    SalaryB salaryJack = new SalaryB(objJack,1000,300,60);
    salaryJack.calWages(400);              //带加班工资的计算
    System.out.println("以下是加班的 B 类员工 Jack 的工资： ");
    salaryJack.print();
}
```

（5）运行 SalaryB 类下的 main 方法，运行结果如图 3-7 所示。

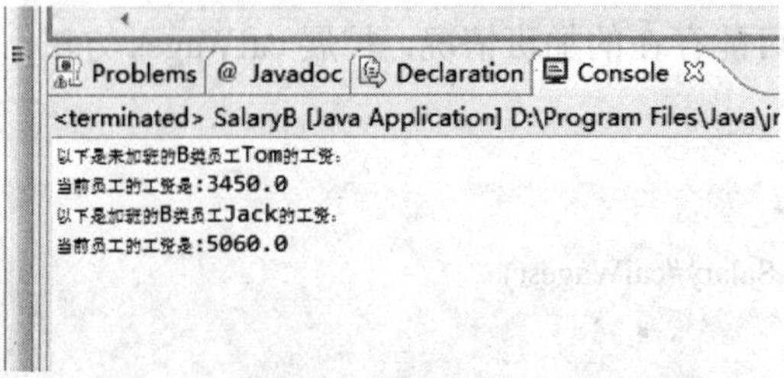

图 3-7　程序运行结果

### 3.4.4　知识总结

**1. 多态性**

多态性是面向对象程序设计的另一个重要特征。多态是指一个方法只有一个名称，但可以有多种行为，即一个类中可以存在多个同名的方法，可以使对象具有不同的行为，实现了对象行为的多态性。多态可以理解为属于两个或多个不同类的对象以各自的类相关的不同方式响应同一方法调用的能力。通过继承和接口可以实现多态。

多态有两种，即重载和覆盖。其中覆盖是一种动态的多态，在面向对象的程序设计中具有特别的意义。将在后面的任务中提及。

**2. 方法的重载**

方法重载体现了面向对象系统的多态性。方法重载是指一个类中可以有多个方法具有相同的方法名，但这些方法的参数个数不同，或者参数类型不同。重载中需注意以下几点：

（1）返回类型不同不足以构成方法重载，重载可以有不同的返回类型。

（2）同名的方法分别位于基类和子类中，只要参数不同，也将构成重载。

（3）同一个类中的多个构造方法必然构成重载。

重载是一种静态的多态。当重载方法被调用时，编译器将根据参数的数量和类型来确定实际调用的重载方法是哪个版本。

下述代码为各种类型数据相加方法的重载：

```java
public class OverloadingDemo {
    int add(int x, int y) {
        return x + y;
    }

    int add(int x, int y, int z) {        //参数个数不同
        return x + y + z;
    }

    float add(float x, float y) {        //参数类型不同
        return x + y;
    }

    double add(double x, double y) { //参数类型不同
        return x + y;
    }
}
```

### 3.4.5　应用实践

通过本实践巩固对方法重载实现多态性的理解。

1. 要求将知识总结中的上述代码补充为一个完整的应用程序：实现各类数据相加的方法重载。

2. 利用构造方法实现方法重载。编写一个学生类：student，类的组成如下：

● 成员变量：学号、姓名、年龄、专业

● 成员方法：

（1）利用构造方法完成设置信息：

①无参：均为空值

②单参：只传递学号，则姓名：无名氏，年龄：0，专业：未定

③双参：只传递学号和姓名，则年龄：19，专业：未定

④四参：传递学号、姓名、年龄、专业

（2）显示信息。

扩展练习：

完善 A 类员工及 C 类员工的工资计算扩展。由于物价消费的过快增长，A 类员工在工资发放的时候，每人按照职称不等增加了 400～600 元的补贴；C 类员工临时加班了几个月增加了交通补贴及加班工资项目。

# 任务 3.5 动态多态性

### 3.5.1 情境描述

Tom 在该公司进一步调查发现，同样是 B 类员工，有的员工工资计算的时候，计算了岗位工资，没有时间工资，而另外一部分员工有时间工资，没有岗位工资，为了解决这个问题，Tom 需要完成以下任务：

（1）利用基类派生出子类。

（2）重写基类中的工资计算方法。

### 3.5.2 问题分析

B 类员工的工资计算不是简单的拆分问题，故针对 B 类员工而言，其工资的计算应该派生出两个子类，分别处理两种不同业务逻辑的工资计算，在子类中对不带参数的方法 calWages 进行重写可以达到目的。

### 3.5.3 解决方案

（1）打开 Eclipse，选择项目 Task3_4，复制粘贴形成新的项目 Task3_5。

（2）修改 SalaryB 的类，去掉非公共成员。

```
/**
 *
 */
package com.esms;

/**
 * @author 李法平
 *
 */
public class SalaryB extends Salary {
```

```
private double baseWage;
private double timeWage;
/**
 * 构造方法
 *
 * @param obj
 * @param wage
 */
public SalaryB(EmployeeB obj) {
    super(obj);
    this.baseWage = 0;
}

/**
 * 构造方法
 *
 * @param obj
 * @param wage
 * @param baseWage
 * @param posWage
 * @param ageWage
 * @param timeWage
 */
public SalaryB(EmployeeB obj, double baseWage) {
    super(obj);
    this.baseWage = baseWage;
}

/**
 * @return the baseWage
 */
public double getBaseWage() {
    return baseWage;
}

/**
 * @param baseWage
 *              the baseWage to set
 */
public void setBaseWage(double baseWage) {
    this.baseWage = baseWage;
}
/*
 * 工资计算
 *
 * @see com.esms.Salary#calWages()
```

```
    */
    @Override
    public void calWages() {
        this.wage = this.baseWage   ;
    }
    /**
     * 具备加班工资的工资计算
     *
     * @param addWage
     */
    public void calWages(double addWage) {
        calWages();
        this.wage = this.wage + addWage;
    }
}
```

（3）新建 SalaryB 的派生类 SalaryPostB 及 SalaryTimeB 两个子类，具体如图 3-8 所示。

图 3-8　新建 SalaryPostB

新建成功之后，分别修改两个类的构造方法，适应新的构造。修改 SalaryPostB 类的构造方法。

```
/**
 *
 */
package com.esms;
```

```
/**
 * @author 李法平
 *
 */
public class SalaryPostB extends SalaryB {
    private double posWage;

    /**
     * @return the posWage
     */
    public double getPosWage() {
        return posWage;
    }

    /**
     * @param posWage the posWage to set
     */
    public void setPosWage(double posWage) {
        this.posWage = posWage;
    }

    /**
     * @param obj
     */
    public SalaryPostB(EmployeeB obj) {
        super(obj);
        //TODO Auto-generated constructor stub
    }

    /**
     * @param obj
     * @param baseWage
     * @param posWage
     * @param timeWage
     */
    public SalaryPostB(EmployeeB obj, double baseWage, double posWage
        ) {
        super(obj, baseWage);
        this.posWage=posWage;
        //TODO Auto-generated constructor stub
    }
}
```

修改 SalaryTimeB 类的构造方法。

```
/**
 *
 */
```

```java
package com.esms;

/**
 * @author 李法平
 *
 */
public class SalaryTimeB extends SalaryB {
    double timeWage;
    /**
     * @param obj
     */
    public SalaryTimeB(EmployeeB obj) {
        super(obj);
        //TODO Auto-generated constructor stub
    }

    /**
     * @param obj
     * @param baseWage
     * @param posWage
     * @param timeWage
     */
    public SalaryTimeB(EmployeeB obj, double baseWage,
            double timeWage) {
        super(obj, baseWage );
        this.timeWage=timeWage;
        //TODO Auto-generated constructor stub
    }

    /**
     * @return the timeWage
     */
    public double getTimeWage() {
        return timeWage;
    }

    /**
     * @param timeWage the timeWage to set
     */
    public void setTimeWage(double timeWage) {
        this.timeWage = timeWage;
    }

    /* (non-Javadoc)
     * @see com.esms.SalaryB#calWages()
     */
```

```
    @Override
    public void calWages() {
        EmployeeB obj = (EmployeeB) this.empObj;
         this.wage=this.getBaseWage()+this.getTimeWage()*obj.getEmployeeWorkTimes();
    }
}
```

（4）针对 SalaryPostB 类，重写 calWages 方法。

```
/* (non-Javadoc)
 * @see com.esms.SalaryB#calWages()
 */
@Override
public void calWages() {
     this.wage=this.getBaseWage()+this.getPosWage();
}
```

（5）根据 SalaryTimeB 类的特性，在 SalaryTimeB 中重写 calWages 方法。

```
/* (non-Javadoc)
 * @see com.esms.SalaryB#calWages()
 */
@Override
public void calWages() {
    EmployeeB obj = (EmployeeB) this.empObj;
     this.wage=this.getBaseWage()+
                    this.getTimeWage()*obj.getEmployeeWorkTimes();
}
```

（6）在 SalaryB 基类中编写主函数验证。

```
/**
 * 主方法
 *
 * @param args
 */
public static void main(String[] args) {

    EmployeeB objTom = new EmployeeB();        //创建员工对象
    objTom.setEmployeeNo("001");               //设置工号
    objTom.setEmployeeName("汤姆");            //设置姓名
    SalaryB salaryTom = new SalaryPostB(objTom,1500,2000);
    //工资计算
    salaryTom.calWages();
    System.out.println("以下是 B 类员工按岗位计算工资情况：");
    //输出当前员工的工资
    salaryTom.print();
    EmployeeB objJack=new EmployeeB();
    objJack.setEmployeeNo("002");
    objJack.setEmployeeName("杰克");
    objJack.setEmployeeWorkTimes(64);
    //第二个构造方法构造对象
```

```
SalaryB salaryJack = new SalaryTimeB(objJack,1000,30);
salaryJack.calWages(400);//带加班工资的计算
System.out.println("以下是 B 类员工按小时计算工资情况：");
salaryJack.print();
}
```

（7）运行结果如图 3-9 所示。

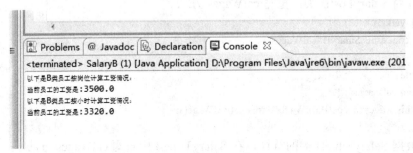

图 3-9    程序运行结果

### 3.5.4    知识总结

1. 方法的覆盖

方法覆盖是 Java 实现多态性机制的另一种方式。在类的继承的部分已经作了介绍，由于它在面向对象的程序设计中的重要性，这里再次对它进行详细的讨论。

在继承关系中，基类（也包括接口）和子类存在同名的方法，如果同时满足以下条件：

● 相同的参数（包括参数个数、类型、顺序）。

● 相同的返回值类型。

那么，子类的方法覆盖基类的方法。使用覆盖时需注意以下几点：

● 不允许出现参数相同，但返回值类型不同的同名方法。

● 子类方法不能比基类同名方法有更严格的访问范围。

● 子类方法不能比基类同名方法抛出更多的异常。

覆盖是一种动态的多态，它是通过基类引用来体现的。JVM 根据当前被引用对象的类型来动态地决定执行的是覆盖方法的哪个版本。

2. 多态的优点

覆盖这种形式的多态具有以下优点：

（1）可替换性：多态对已存在的代码具有可替换性。

（2）可扩充性：多态对代码具有可扩充性。增加新的子类不影响已存在类的多态性、继承性，以及其他特性的运行和操作。

（3）接口性：多态是接口通过方法签名，向子类提供一个共同接口，由子类来覆盖它而实现的。

### 3.5.5    应用实践

为了更充分地理解多态，体现面向对象程序设计的核心思想，完成本实践内容。

修改实践 3.3.5，通过接口实现对圆、矩形求面积。

```java
interface ShapeOver {
    double area();
}
class RectangleOver implements ShapeOver {
    public double length;
    public double width;
    public double area() {        //覆盖接口的方法
        return length * width;
    }
}
class CircleOver implements ShapeOver {
    public double radius;
    public double area() {        //覆盖接口的方法
        return Math.PI * radius * radius;
    }
}
public class Practise3_5_5 {
    public static void main(String[] args) {
        RectangleOver r = new RectangleOver();        //声明一个矩形
        CircleOver c = new CircleOver();              //声明一个圆
        r.length = 10;
        r.width = 8;
        c.radius = 5;

        ShapeOver shape;
        shape = r;
        printArea(shape);    //实参是 shape，但它指向的是 RectangleOver()的实例
        shape = c;
        printArea(shape);    //实参是 shape，但它指向的是 CircleOver()的实例
    }

    static void printArea(ShapeOver shape) {
        System.out.println("面积是：" + shape.area());
        //动态多态，根据传入对象的实际类型，调用正确的覆盖方法的版本
        //是矩形时，调用矩形的面积计算方法；是圆时，调用圆的面积计算方法
    }
}
```

在此基础上，读者可根据 Shape 的接口要求，增加实现三角形类等功能。

# 任务小结

本章节中，主要总结了面向对象程序设计的基本特性：封装性、继承性和多态性。

面向对象程序设计体系中的思想精髓之一是"面向接口编程"。接口中只有抽象的方法，可以将这些方法理解成是一组规则的集合，它规定了实现本接口的类或继承本接口的接口必须拥有的一组规则。多态可以体现在类对类的继承上，也可以体现在类对接口的实现上。

接口的使用会导致代码结构变得复杂，但对于大型系统却有着不可估量的作用，因为它能使大型系统变得结构清晰、容易维护。

抽象类和接口都是建立在抽象的基础上的，它们的区别在于想要达到的目的。使用抽象类是为了代码的复用，使用接口是为了实现多态性。

面向对象的思想就是模拟真实世界，把真实世界中的事物抽象成类，使整个程序靠各个类的实例通过互相通信和互相协作来完成系统功能。

# 练习作业

1．创建一个 Animal 类，让 Horse、Dog、Cat 等动物继承 Animal 类。在 Animal 类中定义一些方法，让其子类重载这些方法，编写一个运行时多态的程序。

2．修改练习 1，使 Animal 成为一个接口。

3．利用接口编写计算三角形、梯形、锥形面积及周长的程序。

4．编写一个类，该类有一个方法 public int f(int a,int b)，该方法返回 a 和 b 的最大公约数。然后再编写一个该类的子类，要求子类覆盖方法 f，而且覆盖的方法将返回 a 和 b 的最小公倍数。要求在覆盖的方法体中首先调用被隐藏的方法返回 a 和 b 的最大公约数 m，然后将乘积 (a*b)/m 返回。要求在应用程序的主类中分别使用父类和子类创建对象，并分别调用方法 f 计算两个正整数的最大公约数和最小公倍数。

5．Eclipse 提供了一些自动生成代码的工具，例如自动生成 setters()和 getters()方法。请在 Eclipse 中找出更多的自动生成代码的功能。探索它们的用途以及与本章内容有什么关系？

6．Eclipse 为程序员提供了许多工具，其中一个是"格式"（主菜单中的"Source"→"Format"），能够将不规则的代码重排，称为符合规范的代码。探索一下它的功能，写一段代码，然后用 Format 功能，了解规范的代码的写法。

# 第四章　常用对象使用

本章中主要介绍常用对象的使用，包括数组、集合和字符串。
学习完本章节，您能够：
- 使用数组
- 使用集合
- 使用字符串

## 任务 4.1　数组对象的使用

### 4.1.1　情境描述

Tom 开发的工资系统中，市场部中共有 A 类员工 8 名，为了保存市场部的 8 名员工信息，Tom 需要完成以下任务：

（1）创建数组对象。

（2）访问数组对象中的员工信息。

### 4.1.2　情景分析

市场部的一名员工，可以利用 EmployeeA 类直接创建对象，通过 setter 方法设置具体对象的值，然而 8 名员工的存储不能创建 8 个直接对象，因为随着具体的员工人数的增加，直接创建对象的方法不能解决问题，数组提供了相同数据类型的集合操作，能够实现多个数据的存储管理。

### 4.1.3　解决方案

（1）打开 Eclipse，选择 Task3_5 项目，执行复制，粘贴形成新项目，命令为 Task4_1。

（2）新建 EmployeeOption 类，用于实现对员工信息的操作。

（3）在 EmployeeOption 中声明数组 Employee 对象及钊对 Employee 对象的操作 add、modify、remove 及 load 方法定义。

```
/**
 * 员工操作类
 */
package com.esms;

/**
 * @author 李法平
 *
 */
```

```java
public class EmployeeOption {
    Employee[] empList;
    public EmployeeOption(int maxSize ){
        empList=new Employee[maxSize];
    }
    public boolean add(Employee obj);
    public boolean modify(Employee obj);
    public boolean remove(String empNo);
    public Employee load(String empName);
}
```

（4）实现 add 方法，用于向数组中添加员工信息。

```java
/**
 * 一次添加一个对象到数组中，添加成功，返回值为 true，添加失败，返回值为 false。
 *
 * @param obj
 * @return
 */
public boolean add(Employee obj) {
        int i;
        boolean b = false;
        for (i = 0; i < this.empList.length; i++) { //循环遍历数组
            //判断当前数组下标所在的位置中是否已经存储员工，
            //未存储员工，则将当前创建的员工对象赋值到当前位置的数组中
            if (empList[i] == null) {
                empList[i] = obj;
                b = true;
                break;
            }
        }
        return b;
    }
```

（5）编写修改对象的 modify。

```java
/**
 * 按照员工号进行员工信息修改，
 *
 * @param obj
 * @return
 */
public boolean modify(Employee obj) {
        boolean b = false;
        for (int i = 0; i < this.empList.length; i++) { //循环遍历数组
            if (empList[i] != null) {//当前下标的元素存在
                //如果数组中的元素的员工号与输入对象的员工相同，更新员工信息
                if (empList[i].getEmployeeNo().equals(obj.getEmployeeNo())) {
                    empList[i] = obj;
                    b = true;
```

```
                        break;
                    }
                }
            }
        return b;
    }
```

（6）编写 remove 移除方法。

```
/**
 * 按照员工号移除员工
 *
 * @param empNo
 * @return
 */
public boolean remove(String empNo) {
    boolean b = false;
    for (int i = 0; i < this.empList.length; i++) { //循环遍历数组
        if (empList[i] != null) {//当前下标的元素存在
            //如果数组中的元素的员工号与输入对象的员工相同，移除对象
            if (empList[i].getEmployeeNo().equals( empNo)) {
                empList[i] = null;
                b = true;
                break;
            }
        }
    }
    return b;
}
```

（7）编写按照员工号查找员工信息的 load 方法。

```
/**
 * 按照员工号查找员工信息
 *
 * @param empNo
 * @return
 */
public Employee load(String empNo) {
    Employee retObj = null;
    for (int i = 0; i < this.empList.length; i++) { //循环遍历数组

        if (empList[i] != null) {//当前下标的元素存在
            //如果数组中的元素的员工号与输入对象的员工相同，将新的对象赋值
            if (empList[i].getEmployeeNo().equals( empNo)) {
             retObj=empList[i];
                break;
            }
        }
    }
```

```
        return retObj;
    }
```

（8）在 EmployeeOption 类中添加 main 方法，创建市场部的 8 个员工信息。

```
public static void main(String[] args) {
    Scanner in = new Scanner(System.in);
    //创建 A 类员工操作类
    EmployeeOption option = new EmployeeOption(8);
    for (int i = 0; i < 8; i++) {
        EmployeeA objEmp = new EmployeeA();//创建 A 类对象
        System.out.print("请输入员工号:");
        objEmp.setEmployeeNo(in.next());//利用键盘赋值
        System.out.print("请输入员工姓名:");
        objEmp.setEmployeeName(in.next());
        System.out.print("请输入员工性别:");
        objEmp.setEmployeeGender(in.next());
        System.out.print("请输入所属部门:");
        objEmp.setEmployeeDepartment(in.next());
        System.out.print("请输入员工职务:");
        objEmp.setEmployeePos(in.next());
        System.out.print("请输入员工职称:");
        objEmp.setEmployeeTitlePos(in.next());
        System.out.print("请输入员工入职日期，格式 yyyy-MM-dd:");
        objEmp.setEmployeeEntryDate(in.next());
        option.add(objEmp);//调用集合操作方法
    }
    //以下是查询相关
    System.out.print("请输入要查询的员工号：");
    EmployeeA obj=(EmployeeA)option..load(in.next());
    if(obj!=null)//如果查找对象存在，则显示
        obj.display();
    else
        System.out.println("当前查找的员工不存在");
}
```

### 4.1.4　知识总结

**1．数组的概念**

集合是将多个元素组合到一个单元的对象，便于存储和操作聚合的数据，也称为容器。数组是一种特殊的容器对象，用于存储同一类型数据的集合。数组是存储同一类型的、固定数量的数据的一种容器对象。

数组中存储的单个数据称为元素。数组中的各个元素在内存中按照先后顺序连续存放在一起。数组中的元素既可以是基本数据，也可以是对象。因此，可以将数组分为基本数据类型数组和对象型数组。基本数据类型数组是指数组的元素是基本数据类型数据，包括字符型数组、整型数组和实数型数组。对象类型数组又叫引用型数组，对象类型数组实际上就是引用的集合，即对象类型数组中的元素就是引用。

根据数组元素的下标个数，数组还可以分为一维数组和多维数组。

2．创建数组

创建数组包括声明数组变量和创建数组对象两个方面。声明数组变量需要指定数组类型和数组名。数组类型就是数组中每个元素的类型，可以是基本数据类型，也可以是确定的类名；数组名必须符合 Java 标识符的规定。声明数组变量的一般语法格式如下：

类型[]　数组名;

或者也可以写成如下格式：

类型　数组名[];　　//不推荐使用

上述格式的声明中并未指定数组的大小。如果需要确定其大小，就要用到运算符 new，其格式如下：

数组名=new 类型[元素个数];

通常需要在声明数组时就确定它的大小，具体格式如下：

类型　数组名=new 类型[元素个数];

**注意**：数组用 new 分配空间的同时，数组的每个元素都会自动赋一个默认值（整数为 0，实数为 0.0，字符为 '\0'，boolean 型为 false，引用型为 null）。

3．引用数组元素

在数组创建后，使用数组名和下标就可以引用某个具体的数组元素，每个数组元素相当于对应类型的变量。引用数组元素的格式如下：

数组名[下标];

其中，数组下标，它可以为整型常数或表达式，如 a[2]，b[i]（i 为整型数）。Java 中数组下标从 0 开始，最大值为数组的长度减 1。

如，给数组元素赋值：a[0]=100;

还可以用静态初始化的方法在声明数组的同时直接给数组赋初值，初值的个数是数组的长度。初值用花括号括起来，逗号隔开。例如：

int[]　num={32,56,7,11,3,90};

**例 4-1**　创建一个存储 100 个整数的数组，并依次给元素赋值 1~100，然后输出这些整数。

```java
public class Example4_1 {
    public static void main(String[] args) {
        int[] num = new int[100];              //创建数组 num
        for (int i = 0; i < num.length; i++) {
            num[i] = i + 1;                    //给数组赋值
        }
        int k = 0;
        for (int i = 0; i < num.length; i++) {
            if (k++ % 10 == 0) {               //设定换行
                System.out.println();
            }
            System.out.print(num[i] + "   ");  //输出数组元素
        }
    }
}
```

4．多维数组

Java 中多维数组被看成数组的数组，例如，二维数组为一个特殊的一维数组，其每个元素又是一个一维数组。一个三维数组实质就是二维数组元素构成的数组。

声明和创建二维数组时，需要使用两对方括号，引用二维数组元素时必须指定两个下标值。

例如：

```
int[][] array = new int [3][2];
```

也可以写成：

```
int[][] array = new int[2][]
array[0] = new int[3];
array[1] = new int[3];
```

Java 语言中，由于把二维数组看作是数组的数组，数组空间不是连续分配的，所以不要求二维数组每一维的大小相同。

对二维对象型数组，必须首先为最高维分配引用空间，然后再顺次为低维分配空间，而且必须为每个数组元素单独分配空间。

### 4.1.5　应用实践

在多维数组中，每个元素实际就是一个数组对象，这些数组对象只要类型相同就可以。不管是操作一维数组还是多维数组，重点都是掌握数组的基本使用方法。

1．创建杨辉三角形。杨辉三角形中的各行是二项式 $(a+b)^n$ 展开式中各项的系数：

$$C_n^k = \begin{cases} C_n^{k-1} \dfrac{(n-k+1)}{k} & k=1,2,3,\ldots,n \\ 1 & k=0 \end{cases}$$

运行结果如图 4-1 所示。

```
1
1    1
1    2     1
1    3     3     1
1    4     6     4     1
1    5     10    10    5     1
1    6     15    20    15    6     1
1    7     21    35    35    21    7     1
1    8     28    56    70    56    28    8     1
1    9     36    84    126   126   84    36    9    1
1    10    45    120   210   252   210   120   45   10   1
```

图 4-1　运行结果

2．扩展练习，完成按照姓名查询员工，并返回多个员工。

# 任务 4.2　集合的使用

### 4.2.1　情境描述

Tom 使用数组成功保存了多个员工的信息，但是紧接着他又发现，现实社会中，部门的员工人数可能发生变化，目前市场部是 8 人，但是由于公司的业务增长，市场部扩大了人数，使得现有的数据空间不能保存所有的员工信息，员工的变化对数组使用将造成较大的影响，针对员工数量动态变化的特性，他需要完成以下任务：

（1）认识集合对象及接口。

（2）利用集合代替数组。

### 4.2.2　问题分析

Java 语言中的数组在定义时需要指定数组大小，数组创建之后，大小就不能改变，故数组无法适应现有的业务需求，为了解决集合元素动态变化特性，Java 推出了集合的概念，成功地解决了此类问题。

### 4.2.3　解决方案

（1）打开 Eclipse，选择项目 Task4_1_Extends，执行复制，粘贴形成新项目 Task_4_2。

（2）打开 EmployeeOption 类，将数组对象修改定义为集合接口 java.util.List 的对象，修改代码如下：

```
/**
 * 操作 A 类员工的派生类
 */
package com.esms;
import java.util.*; //引入 List 所在的包
import java.util.Scanner;
/**
 * @author 李法平
 *
 */
public class EmployeeOption {
    List<Employee> empList;
}
```

（3）利用 List 接口的实现类 ArrayList 创建员工集合对象，修改 EmployeeOption 的构造函数。

```
public EmployeeOption() {
//利用 ArrayList 构造 List 接口的对象
    empList =new ArrayList<Employee>();
}
```

（4）修改 add 方法，利用 List.add()方法实现。

```
    /**
 *通过调用 List.add 方法将新增的员工添加到集合中
 *
 * @param obj   *
 */
public void add(Employee obj) {
    this.empList.add(obj);
}
```

（5）修改 modify 方法，利用 List.size()方法获取集合的大小，List.get(Index)方法返回集合中指定位置的元素，同时通过 List.set 方法替换查找到的对象。

```java
/**
 * 按照员工号进行员工信息修改，
 *
 * @param obj
 * @return
 */
public boolean modify(Employee obj) {
    boolean b = false;

    for (int i = 0; i < this.empList.size(); i++) { //循环遍历数组
            //如果数组中的元素的员工号与输入对象的员工相同，更新员工信息
            if (empList.get(i).getEmployeeNo().equals(obj.getEmployeeNo())) {
                //替换查找到的对象
                empList.set(i, obj);
                b = true;
                break;
            }
    }
    return b;
}
```

（6）修改 remove 方法及 load 方法，利用增强型 for 循环进行集合运算。

```java
/**
 * 按照员工号移除员工
 *
 * @param empNo
 * @return
 */
public boolean remove(String empNo) {
    boolean b = false;
    Employee findObj=this.load(empNo);
    if(findObj!=null){
        empList.remove(findObj);//调用 List.remove 方法移除对象
        b=true;
    }

    return b;
}
/**
 * 按照员工号查找员工信息
 *
 * @param empNo
 * @return
 */
public Employee load(String empNo) {
    Employee findObj=null;
```

```
        for(Employee obj: empList){ //for 循环用于集合运算
            if(obj.getEmployeeNo().equals(empNo)){
                findObj=obj;
                break;
            }
        }
        return findObj;
    }
```

（7）增加 find 方法，利用 List 实现多员工的返回。

```
/**
 * 按照姓名查询员工信息，返回符号条件的所有的员工信息
 * @param empName
 * @return
 */
public List<Employee> find(String empName){
    List<Employee> retlist = new ArrayList<Employee>();
    for (Employee obj :this.empList) { //
            if (obj.getEmployeeName().equals(empName)) {
                retlist.add(obj);
            }
    }
    return retlist;
}
```

（8）在 Menus 中调用相应方法，测试 A 类员工的基本功能操作。

```
/**
 * 员工信息操作菜单
 */
public static void employeeMenu() {
    int ctrl = 13;
    //声明 A 类员工操作对象
    EmployeeOption optionA = new EmployeeOption();
    do {
        Scanner in = new Scanner(System.in);
        //略
        System.out.print("请选择操作项：");
        ctrl = in.nextInt();
        switch (ctrl) {
        case 1:
            EmployeeA objTom = new EmployeeA();
            System.out.print("请输入员工号:");
            objTom.setEmployeeNo(in.next());
            System.out.print("请输入员工姓名:");
            objTom.setEmployeeName(in.next());
            System.out.print("请输入员工性别:");
            objTom.setEmployeeGender(in.next());
            System.out.print("请输入所属部门:");
```

```
                    objTom.setEmployeeDepartment(in.next());
                    System.out.print("请输入员工职务:");
                    objTom.setEmployeePos(in.next());
                    System.out.print("请输入员工职称:");
                    objTom.setEmployeeTitlePos(in.next());
                    System.out.print("请输入员工入职日期，格式 yyyy-MM-dd:");
                    objTom.setEmployeeEntryDate(in.next());
                    optionA.add(objTom);
                    break;
            case 2:
                    //调用员工信息编辑功能
                    System.out.print("请输入需要编辑的员工号:");
                    EmployeeA obj=(EmployeeA)optionA.load(in.next());
                    if(obj==null)
                            System.out.println("当前编辑对象不存在，不能修改");
                    else
                    {
                            System.out.print("请输入需要修改员工姓名:");
                            obj.setEmployeeName(in.next());
                            System.out.print("请输入需要修改员工性别:");
                            obj.setEmployeeGender(in.next());
                            System.out.print("请输入需要修改员工所属部门:");
                            obj.setEmployeeDepartment(in.next());
                            System.out.print("请输入需要修改员工职务:");
                            obj.setEmployeePos(in.next());
                            System.out.print("请输入需要修改员工职称:");
                            obj.setEmployeeTitlePos(in.next());
                            System.out.print("请输入需要修改员工入职日期，格式 yyyy-MM-dd:");
                            obj.setEmployeeEntryDate(in.next());
                            optionA.modify(obj);
                    }
                    break;
            case 3:
                    //调用员工信息删除功能
                    System.out.print("请输入需要编辑的员工号:");
                    if(optionA.remove(in.next()))
                            System.out.println("删除员工信息成功");
                    else
                            System.out.println("删除员工信息失败");
                    break;
            case 4:
                    //调用员工信息查询功能
                    System.out.print("请输入查询的员工名:");
                    java.util.List<Employee> list=optionA.find(in.next());
                    for(Employee e :list){
                            e.display();
```

```
                    }
                    break;
            //略
                }
        } while (ctrl != 0);
```

（9）运行菜单，调试程序，验证编写的方法。

### 4.2.4　知识总结

1. 集合的概念

通常情况下，把具有相同性质的一类事物，汇聚成一个整体，就可以称为集合。比如，用 Java 编程的所有程序员、全体中国人等。通常集合有两种表示法，一种是列举法，比如集合 A＝{1,2,3,4}，另一种是性质描述法，比如集合 B={X|0<X<100 且 X 属于整数}。集合的基本作用是完成了一个动态的对象数组，里面的数据元素可以动态的增加。

集合框架是为表示和操作集合而规定的一种统一标准的体系结构。Java 中的集合框架提供了一套设计优良的接口和类，使程序员操作成批的数据或对象元素极为方便。这些接口和类有很多对抽象数据类型操作的 API，而这是我们常用的且在数据结构中常见的，例如 Map，Set，List，Array 等。并且 Java 用面向对象的设计对这些数据结构和算法进行了封装，这就极大地减轻了程序员编程时的负担。程序员也可以以这个集合框架为基础，定义更高级别的数据抽象，比如栈、队列和线程安全的集合等，从而满足自己的需要。

Java 中的集合框架主要由三部分组成：接口、实现和算法。其中，接口是表示集合的抽象数据类型，用于操纵集合；实现是框架中抽象数据类型的具体实现；算法提供了操纵集合元素的一系列方法。

2. 集合接口

Java 集合框架中的核心集合接口封装了不同的集合类型，允许集合的操作独立于集合的具体表示。核心接口是 Java 集合框架的基础，这些核心接口构成的继承层次图如图 4-2 所示。

从图 4-2 中可以看出，核心集合接口包含两个独立的继承树，集合（Collection）子树和映射（Map）子树。

（1）Collection 接口：是集合核心接口的根接口，是所有集合都需要实现的最大抽象定义。可以用于表示一组对象，每个对象称为元素。

（2）Set 接口：是 Collection 接口的子接口，表示不包含重复元素的结合，用十表示数学中集的概念。

（3）List 接口：是 Collection 接口的子接口，表示有序的集合，可以对列表中每个元素的插入位置进行控制，可以根据元素的整数索引来访问元素，并搜索列表中的元素。列表通常允许重复的元素。

（4）Map 接口：将键映射到值的对象。一个映射不能包含重复的键；每个键最多只能映射到一个值。

（5）SortedSet 接口：是 Set 接口的子接口，是元素的有序的集。

（6）SortedMap 接口：是 Map 接口的子接口，是元素依据键升序排序的映射。

所有的集合接口都是泛型接口。在创建集合实例时，必须指定具体元素类型。

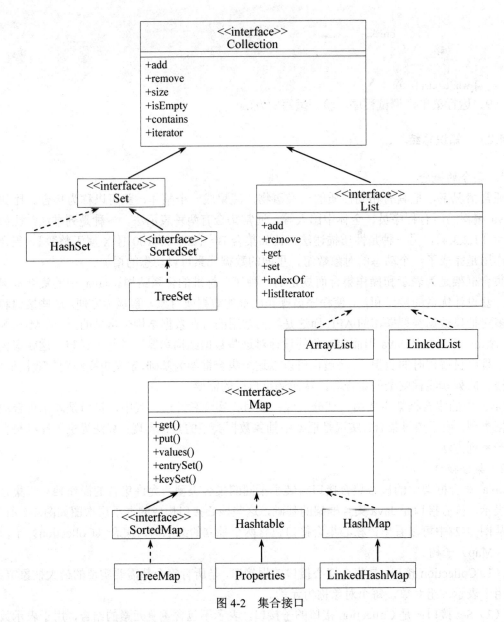

图 4-2　集合接口

### 3. 集合实现

java.util 类库中提供了非常完整的容器类集，包括列表（List）、集（Set）、队列（Queue）和映射（Map）等基本类型，这些对象类型统称为集合类。集合实现是用于存储集合的数据对象，其类定义实现了对应的集合接口。集合实现包括通用功能实现、特殊功能实现、并发实现、封装实现、快捷实现和抽象实现。通用功能实现类是最常用的实现类，用于常规的应用。

通用功能的 List 接口的实现类包括 ArrayList 和 LinkedList，但大多数情况下使用访问速度更快的 ArrayList 类。只有当需要频繁对元素进行增加和删除时，才会考虑使用 LinkedList 类。

Set 接口有三个通用功能实现类：HashSet 类、TreeSet 类和 LinkedHashSet 类。其中，对于大多数的集合操作，HashSet 相对于 TreeSet 更快，但没有元素顺序的保证。

Map 接口的三个通用功能实现类分别是：HashMap 类、TreeMap 类和 LinkedHashMap 类。一般情况下，都是考虑最大速度而不关心元素的访问顺序，因此使用 HashMap 类。表 4-1 列出了通过功能实现类的应用。

表 4-1　集合框架通用功能实现类

| 接口　＼　实现 | Hash 表 | 可变长数组 | 树 | 链表 | Hash 表+链接 |
|---|---|---|---|---|---|
| Set | HashSet | | TreeSet | | LinkedHashSet |
| List | | ArrayList | | LinkedList | |
| Map | HashMap | | TreeMap | | LinkedHashMap |

（1）ArrayList 类

ArrayList 是 Java 集合框架中实现了 List 接口的实现类，用于存储、检索和操作集合中的对象。

由于 Java 集合框架中的接口和类都定义在 java.util 包中，因此，在使用 Java 集合框架中的类和接口时，需要使用如下的 import 语句：

```
import java.util.*;
```

ArrayList 是一个泛型类，在声明和实例化时，需要指定元素对象的具体类型。例如：

```
ArrayList<String> strList=new ArrayList<String>();
```

ArrayList 的常用方法，如表 4-2 所示。

表 4-2　ArrayList 的常用方法

| 方法 | 用途 |
|---|---|
| boolean add(Object o) | 将指定元素追加到此向量的末尾 |
| void add(int index, Element e) | 在此向量的指定位置插入指定的元素 |
| boolean addAll(int index, Collection c) | 在指定位置将指定 Collection 中的所有元素插入到此向量中 |
| Object get(int index) | 返回此列表中指定位置上的元素 |
| int indexOf(Object elem) | 搜索给定参数第一次出现的位置，使用 equals 方法进行相等性测试 |
| boolean remove(Object o) | 从此列表中移除指定元素的单个实例 |
| Object set(int index, Object element) | 用指定的元素替代此列表中指定位置上的元素 |

（2）HashSet 类

HashSet 类是 Java 集合框架中实现了 Set 接口的实现类，用于存储、检索和操作没有重复元素的集合中的对象。

HashSet 的常用方法，如表 4-3 所示。

（3）HashMap 类

HashMap 类是 Java 集合框架中实现了 Map 接口的实现类，用于保存"键－值"关联关系的元素。由于键不允许重复，因此 HashMap 不允许包含重复元素。

表 4-3   HashSet 的常用方法

| 方法 | 用途 |
|---|---|
| boolean add(Object o) | 如果此集合中还不包含指定元素，则添加指定元素 |
| boolean remove(Object o) | 如果指定元素存在于此集合中，则将其移除 |
| void clear() | 从此集合中移除所有元素 |
| Iterator iterator() | 返回对此集合中元素进行迭代的迭代器，返回元素的顺序并不是特定的 |

声明 HashMap 类型的变量时，需要指定 HashMap 的两个参数类型，第一个为键的类型，第二个则是值的类型。

HashMap 的常用方法，如表 4-4 所示。

表 4-4   HashMap 的常用方法

| 方法 | 用途 |
|---|---|
| Object put(K key,V value) | 如果该映射以前没有包含一个该键的映射关系，则添加新的元素，否则旧值被替换（K：此映射所维护的键的类型。V：映射值的类型） |
| int size(Object o) | 返回元素个数，即映射中的"键—值"映射关系数 |
| Object get(Object key) | 获取指定键所映射的值，如不存在该键，则返回 null |

### 4.2.5   应用实践

定义一个 Book 类，包含如下书的属性：书名、ISBN 号、作者、出版社和定价，提供相关的属性获取和设置方法。

（1）编写一个使用 Book 类的应用程序，使用 ArrayList 管理不同的书籍，并可以查询书籍的具体信息。

（2）在此基础上，定义比较两个 Book 对象的方法 compareTo()，实现使用不同的关键字（如书名、定价、作者等）对 ArrayList 中的书籍进行排序。

# 任务 4.3   字符串的使用

### 4.3.1   情境描述

Tom 完善了 A 类员工的基本信息维护，但针对按照员工姓名查询这种方式，他发现很多时候客户需要不区分大小写查询，有的时候又需要任意包含一部分查询，有的时候可能还需要查询开始部分相同的匹配，更有甚者需要查询后面部分相同的匹配。要实现种种模糊查询，Tom 需要完成以下任务：

（1）充分理解 String 的方法。

（2）利用 toLowerCase 或者 toUpperCase 进行大小写转换。

（3）利用 contains 进行子串的任意位置匹配。

（4）利用 startsWith 进行开始匹配。

（5）利用 endsWith 进行结尾匹配。

### 4.3.2 问题分析

Java 是纯面向对象语言，在 Java 语句中，一切皆是对象，可能存在两个字符串内容相同，但是地址不同。在前面的案例中，比较字符串内容的办法采用 equals 方法，类似的字符串操作方法很多，为了解决以上问题，可以先利用 toLowerCase 或者 toUpperCase 将字符进行大小写转换，之后进行比较；再利用 contains 方法进行子串匹配。

### 4.3.3 解决方案

（1）打开 Eclipse，加载项目 Task4_2，命名为 Task4_3。

（2）打开 EmployeeOption 类，添加大小写匹配 queryWithNonCase 方法。

```java
public List<Employee> queryWithNonCase(String empName) {
    List<Employee> retlist = new ArrayList<Employee>();
    for (Employee obj : this.empList) { //循环遍历数组
        //将当前员工的姓名转换为小写，保存到局部变量中
        String currentEmpName = obj.getEmployeeName().toLowerCase();
        //比较的时候将输入的形参也转换为小写字母
        if (currentEmpName.equals(empName.toLowerCase())) {
            retlist.add(obj);
        }
    }
    return retlist;
}
```

（3）添加子串任意匹配的方法 queryWithContains 方法。

```java
/**
 * 任意子串匹配查询
 * @param empName
 * @return
 */
public List<Employee> queryWithContains(String empName) {
    List<Employee> retlist = new ArrayList<Employee>();
    for (Employee obj : this.empList) { //循环遍历数组
        String currentEmpName = obj.getEmployeeName();
        //利用 Contains 比较
        if (currentEmpName.contains(empName)) {
            retlist.add(obj);
        }
    }
    return retlist;
}
```

（4）添加子串开始部分匹配的方法 queryWithStart 方法。

```java
/**
 * 开始部分匹配
 * @param empName
```

```
        * @return
        */
    public List<Employee> queryWithStart(String empName) {
        List<Employee> retlist = new ArrayList<Employee>();
        for (Employee obj : this.empList) { //循环遍历数组
            String currentEmpName = obj.getEmployeeName();
            //利用 startsWith 比较
            if (currentEmpName.startsWith(empName)) {
                retlist.add(obj);
            }
        }
        return retlist;
    }
```

（5）添加子串结束部分匹配的方法 queryWithEnd 方法。

```
/**
    * 结束部分匹配
    * @param empName
    * @return
    */
    public List<Employee> queryWithEnd(String empName) {
        List<Employee> retlist = new ArrayList<Employee>();
        for (Employee obj : this.empList) { //循环遍历数组
            String currentEmpName = obj.getEmployeeName();
            //利用 endsWith 比较
            if (currentEmpName.endsWith(empName)) {
                retlist.add(obj);
            }
        }
        return retlist;
    }
```

（6）修改 Menus 中调用的查询方法，分别测试以上方法。

### 4.3.4 知识总结

**1. 字符串**

字符串是字符的序列，它是组织字符的基本数据结构。在 Java 中，字符串被当作对象来处理，而 C/C++是将字符串当作数组处理的。

（1）字符串常量

使用双引号定义字符串，使用单引号定义字符。字符串几乎可以任意长，如"a"和""（双引号中没有值，表示空串）等都是合法的，而字符必须是一个字符长，如'a1'和''（单引号中没有值）都是非法的。

（2）与字符串有关的类

Java 语言的字符串类常用的有两种，一种是普通的 String 类；另一种是缓冲型的StringBuffer 类。它们有许多相似点，但也有很大的差异。

**2. String 类**

Java 使用 java.lang 包中的 String 类来创建字符串，程序中的所有字符串字面值都作为此类的实例实现。

（1）创建字符串

字符串是常量，它们的值在创建之后不能更改。因为 String 对象是不可变的，所以可以共享。有以下几种创建字符串的方法。

①先声明后创建

```
String str;
str=new String("Hello");
```

②声明时创建对象

```
String str=new String("Hello");
```

③用已创建的字符串创建另一个字符串

```
String str1=new String(str);
```

④利用其他 String 类的构造方法。如：

```
char a[]={'s', 't', 'u', 'd', 'e', 'n', 't'};
String str2=new String(a,0,3);     //str2 中的值为"stu"
```

（2）常用构造方法

String 类有多个重载的构造方法，可用于不同的初始化要求。如表 4-5 所示。

表 4-5　String 类的常用构造方法

| 常用构造方法 | 说明 |
| --- | --- |
| String() | 创建一个 String 实例，并初始化为空串 |
| String(byte[] bytes) | 创建一个 String 实例，并初始化为字节数组转换成的字符串 |
| String(byte[] bytes,Charset charset) | 通过使用指定的 charset 解码指定的 byte 数组，构造一个新的 String |
| String(char[] value) | 创建一个 String 实例，并初始化为字符数组转换成的字符串 |
| String(String original) | 创建一个 String 实例，并初始化为参数表示的字符串（复制） |
| String(StringBuffer buffer) | 创建一个 String 实例，并初始化为参数表示的缓冲型字符串 |

（3）字符串的常用方法

String 类包括的方法可用于检查序列的单个字符、比较字符串、搜索字符串、提取子字符串、创建字符串副本并将所有字符转换为大写或小写。

①获取字符串的长度

length()方法用于返回字符串的长度，用整型表示，字符串支持的串长度最大可达 $2^{31}$（2G）。例如：

```
String str= "Hello";
int len=str.length();        //长度为 5
```

②返回指定位置的字符

String 类的 charAt()方法返回指定位置的字符。例如

```
char c=str.charAt(2);        //l
```

③字符串的检索

String 类的 indexOf()方法返回第一次出现指定子字符串的索引。lastIndexOf()返回最后一次出现指定子字符串的索引。若找到，返回下标值，否则，返回-1。例如：

```
String st="这是用 Java 编写的 Java 程序。";
int c1=st.indexOf('a');              //4
int first=st.indexOf("Java");        //3
int last=st.lastIndexOf("Java");     //10
int last1=st.lastIndexOf("C++");     //-1
```

④字符串的比较

String 类提供了多种字符串比较的方法：比较两个字符串是否相等，比较两个字符串的大小，是否包含子字符串等。

● 比较字符串是否相等

equals()方法比较字符串是否相等，返回 true 或 false。例如：

```
String str="Hello";
boolean b1=str.equals("hello");    //false，区分大小写
boolean b2="Hello".equals(str);    //true，字符串常量也是对象
```

● 比较字符串的大小

compareTo()方法比较字符串的大小，返回一个 int 型的整数。按字典顺序将该 String 对象表示的字符序列与参数字符串所表示的字符序列进行比较。如果 String 对象位于参数字符串之前，比较结果为负整数；如果 String 对象位于参数字符串之后，比较结果为正整数；如果两个字符串相等，则结果为 0。例如：

```
String s1="Java";
String s2="java";
String s3="Java1";
int result1=s1.compareTo(s2);     //-32，即'J'-'j'的值
int result2=s3.compareTo(s1);     //1
int result3=s3.compareTo("Java1"); //0
```

● 是否包含子字符串

contains()方法用于检查一个字符串是否包含另一个字符串。例如：

```
String st="这是用 Java 编写的 Java 程序。";
boolean b=st.contains("Java");      //true
boolean b3=st.contains("java");     //false，区分大小写
```

⑤返回一个子字符串

String 类的 substring()方法截取字符串的子字符串。例如：

```
String strz="JavaEclipse.exe";
String st1=strz.substring(4);         //Eclipse.exe，没第二个参数，截取到末尾
String st2=strz.substring(4,11);      //Eclipse，有第二个参数截取到指定的位置
String st3=strz.substring(strz.length()-3); //exe
```

⑥字符串的大小写转换

String 类的 toUpperCase()和 toLowerCase()方法将所有字符都转换成大写或小写。

⑦字符串的修剪（去除空白）

String 类的 trim()方法删除字符串头部和尾部的空白字符。如果全是空白字符，则返回空串，如果头尾没有空白字符，则返回原串。

⑧判断字符串是否从指定的字符串开始或结尾

s1.startsWith(s2);    //判断字符串 s1 是否从字符串 s2 开始
s1.endsWith(s2);    //判断字符串 s1 是否以字符串 s2 结尾

例如：

```
String s1="Hello,Java";
boolean b1=s1.startsWith("He");   //true
boolean b2=s1.endsWith("java");   //false
```

3．StringBuffer 类

String 类创建的字符串对象是不可修改的，而 StringBuffer 类可以创建可变长和可写的字符序列。StringBuffer 类的值中除字符序列之外还含有预留空间，可以直接在字符序列上进行追加、插入或删除操作，因此称为缓冲型字符串类。

（1）StringBuffer 构造方法

StringBuffer 类的实例只能通过构造方法用 new 关键字创建。例如：

```
StringBuffer sb1=new StringBuffer();   //无参数，长度为 0，容量默认为 16，超过时，自动增加容量
StringBuffer sb2=new StringBuffer(50); //长度为 0，初始容量为 50，超过时，自动增加容量
StringBuffer sb3=new StringBuffer("Java"); //长度为 4，容量为 4+16=20
```

（2）StringBuffer 的常用方法

StringBuffer 类有许多 String 类中的同名方法，包括：length()、charAt()、indexOf()、lastIndexOf()、substring()、toString()等。它们的含义和用法与 String 类的对应方法基本相同。StringBuffer 也有一些独有的方法，表 4-6 列出了 StringBuffer 类中的一些常用方法。

表 4-6 StringBuffer 类的常用方法

| 常用方法 | 说明 |
|---|---|
| int capacity() | 返回当前容量 |
| boolean equals(Object obj) | 从 Object 继承而来，不能比较 StringBuffer 的值 |
| StringBuffer append(str) | 将其他类型数据转换为字符串后再追加到 StringBuffer 对象中 |
| void setCharAt(int index,char ch) | 将当前 StringBuffer 对象实体中的字符序列位置 index 处的字符用参数 ch 指定的字符替换 |
| StringBuffer insert(int offset,String str) | 将一个字符串插入实体中的字符序列中 |
| StringBuffer delete(int start,int end) | 删除此字符序列中的子字符串，从 start 位置开始，end 位置结束 |
| StringBuffer reverse() | 将此字符序列翻转 |
| StringBuffer replace(int start,int end,String str) | 将当前字符序列的一个子字符序列用参数 str 指定的字符串替换 |

4．String 类与 StringBuffer 类的互换

● String 转换为 StringBuffer，采用 StringBuffer 的构造方法。例如：

```
String str="Hello";
StringBuffer sb=new StringBuffer(str);
```

● StringBuffer 转换为 String，采用 StringBuffer 的 toString()方法。例如：

```
StringBuffer sb1=new StringBuffer("Hello,Java");
String s=sb1.toString();
```

由于 StringBuffer 类是在缓冲区中进行操作的，因此处理速度比较快，适用于对处理速度

要求比较高的场合，主要是大量字符处理、特别是循环处理字符的场合。而 String 类的代码容易编写、容易阅读，适用于一般性的需求。

### 4.3.5    应用实践

本任务主要是使用 String 类和 StringBuffer 类实现对字符串的处理。通过本实践，加强理解字符串的处理方法。

编写一个 Java 程序，输入一段任意字符串，然后统计输出其中各字符的数目。

## 任务小结

通过完成本章节的任务，主要能够掌握以下知识点：

1．数组作为一种容器对象，存储同一类型的、固定数量的数据。通过完成任务，掌握数组的创建及使用方法。

2．集合的基本作用是完成了一个动态的对象数组，里面的数据元素可以动态的增加。通过完成任务，能够操作动态对象数组，比如添加元素、查询元素、排序以及其他相关功能。

3．字符串是日常处理中比较常见的一种对象。通过完成任务，掌握字符串的常见处理技术。

## 练习作业

1．定义整数数组 array1，并初始化数组。编写程序遍历数组 array1 的元素并输出数组元素的平均值。对数组进行排序，输出排序后的结果。

2．编写一个 Java 程序，创建一个字符数组，然后按正序输出，再反序输出。

3．编写程序，随机产生一个 5×5 矩阵，然后执行以下操作：

（1）输出矩阵两个对角线上的数。

（2）分别输出各行和各列的和。

4．编写一个简单的书籍管理程序，使用 ArrayList 保存书籍的唯一编号 ISBN，并按升序排序输出。

5．定义银行账号的 Java 类 Account，包含账户号、户主姓名、账户余额、开户年，实现相关的属性获取和设置方法。编写一个使用 Account 类的账户管理程序，使用 HashMap 管理不同的账户对象，其中，账户号作为键值。在用户输入账户号后，显示账户的详细信息。

6．定义一个学生的 Java 类 Stu，包括的属性有姓名、入学年份、学号、专业等。编写一个使用 Stu 类的学生管理程序，使用两个 HashSet 来管理学生，编写程序实现两个集合的并集、交集，并判断一个集合是否在另一个集合中。

7．编写一个类，判断字符串是否是回文。回文是指正读和反读都是一样的字符串，如"level"、"12321"等。请分别用 String 类和 StringBuffer 类两种方式实现。

8．Eclipse 为程序员提供了许多工具，请搜索一些常用工具的快捷键，并逐渐使用它们。

# 第五章　异常处理

编写程序不能保证百分百的通过编译，在编译通过之后也不能保证百分之百地正确运行，往往又会因为环境变化、数据差异等因素带来各种运行错误，这是用户和程序员都不希望看到的，但又是不可避免的。那么有没有比较好的机制来解决这个问题呢？Java 的异常处理机制就能解决这种问题。本章介绍 Java 语言中异常处理的有关知识和方法。

学习完本章节，您能够：
- 认识 Java 常见异常
- 系统异常的捕获和处理
- 自定义异常

## 任务 5.1　系统异常处理

### 5.1.1　情境描述

Tom 采用控制台字符界面成功地实现了用户的输入，在员工月工资添加及修改功能中，员工的工资需要输入数字，然而，一不小心将员工工资输入成了非法字符，造成系统崩溃，为了使得系统具备接受非法字符的容错能力，他需要完成以下任务：

（1）识别 Java 异常机制。

（2）识别 Java 系统定义的异常类。

（3）利用 try-catch 进行异常处理。

### 5.1.2　情景分析

计算机中的数据需要分类存储，用户在输入数据的时候，时常发生用户输入与系统分类不一致，这样的输入就称为非法输入。如果非法输入不控制，可能造成程序的崩溃，这就是系统异常。例如当数组的大小为 10，输入的时候访问了下标为 10 的数组空间，出现数据访问越界异常；或者系统需要接收整数，用户输入的时候输入了小数或者字符，出现数据格式不一样等。为了提高系统容错性，计算机语言引进了异常处理机制，通过 try catch 语句能够成功地控制系统的异常操作。

### 5.1.3　解决方案

注：Salary 类需要修改，添加工资月份。

（1）复制 task5_1_begin 项目，命名为 task5_1。

注：task5_1_begin 是为了实现 5.1 任务而提前准备的项目，在任务 4.3 基础上添加了 EmployeeAConsole，EmployeeBConsole，EmployeeCConsole 三个类，用于实现 A，B，C3 类员工的控制台操作界面，同时添加了 A 类员工工资操作界面类 SalaryAConsole 类。

（2）打开 SalaryAConsole 类，为 add 方法添加系统异常步骤，主要异常来自接收用户输入的非法金额数据，利用 try catch 语句继续系统异常步骤及处理，修改后的代码如下：

```java
/**
 * 添加 A 类员工操作方法
 */
public boolean add() {
    boolean b = false;
    try {
        EmployeeA obj = new EmployeeA();
        System.out.print("请输入员工号:");
        obj.setEmployeeNo(in.next());
        System.out.print("请输入员工姓名:");
        obj.setEmployeeName(in.next());
        System.out.print("请输入员工性别:");
        obj.setEmployeeGender(in.next());
        System.out.print("请输入所属部门:");
        obj.setEmployeeDepartment(in.next());
        System.out.print("请输入员工职务:");
        obj.setEmployeePos(in.next());
        System.out.print("请输入员工职称:");
        obj.setEmployeeTitlePos(in.next());
        System.out.print("请输入员工入职日期，格式 yyyy-MM-dd:");
        obj.setEmployeeEntryDate(in.next());
        System.out.print("请输入 A 类员工的公子年月:");
        String salaryMonth = in.next();
        SalaryA objSalary = new SalaryA(obj, salaryMonth);
        System.out.print("请输入员工的基本工资:");
        objSalary.setBaseWage(in.nextDouble());
        System.out.print("请输入员工的岗位工资:");
        objSalary.setPosWage(in.nextDouble());
        System.out.print("请输入员工的工龄工资:");
        objSalary.setAgeWage(in.nextDouble());
        System.out.print("请输入员工的职称工资:");
        objSalary.setTitleWage(in.nextDouble());
        optionA.add(objSalary);
        b = true;
    } catch (NumberFormatException ex) {
        ex.printStackTrace();
    }
    return b;
}
```

（3）修改后的 add 方法中，try 块部分的代码用于捕捉异常，catch 部分用于处理异常。当前的 try 块可能还有输入日期异常，因此，需要继续添加异常处理 catch 语句。通过添加 Exception 异常捕捉，可以有效地处理到当前 try 块所有的异常。

```java
public boolean add() {
    boolean b = false;
    try {
    //略
    } catch (NumberFormatException ex) {
```

```
                ex.printStackTrace();
        } catch (Exception ex) {
                ex.printStackTrace();
        }
        return b;
}
```

（4）按照以上异常捕捉与处理方法，修改 modify 方法，代码如下：

```
public void modify() {
        try {
                System.out.print("请输入需要编辑的员工号:");
                String empNo = in.next();
                System.out.print("请输入需要编辑的工资月份（YYYY-MM）:");
                String salaryMonth = in.next();
                SalaryA objSalary = (SalaryA) optionA.load(empNo, salaryMonth);
                if (objSalary == null)
                        System.out.println("当前编辑对象不存在，不能修改");
                else {
                        System.out.print("请输入员工的基本工资:");
                        objSalary.setBaseWage(in.nextDouble());
                        System.out.print("请输入员工的岗位工资:");
                        objSalary.setPosWage(in.nextDouble());
                        System.out.print("请输入员工的工龄工资:");
                        objSalary.setAgeWage(in.nextDouble());
                        System.out.print("请输入员工的职称工资:");
                        objSalary.setTitleWage(in.nextDouble());
                        optionA.modify(objSalary);
                }
        } catch (NumberFormatException ex) {
                ex.printStackTrace();
        } catch (Exception ex) {
                ex.printStackTrace();
        }
}
```

### 5.1.4　知识总结

1. Java 的异常

（1）基本概念

异常是在应用运行过程中产生的、中断程序正常执行流程的事件。在 Java 程序中异常一般由两种原因引起。

一种是程序中存在非法操作。这种原因常常是程序员出于无意或粗心大意而造成的，所以称为隐式异常。

另一种是程序员在程序中使用了 throw 语句引起的异常。这种异常是程序员出于某种考虑有意安排的，所以称为显式异常。

Java 语言采用异常处理机制来处理程序中的错误。按照这种机制，将程序运行中的所有错误都看成是一种异常，通过对语句块的检测，一个程序中所有的异常将被收集起来放在程序的某一段中处理。

（2）常见异常

在 Java 标准包 java.lang 中定义了一些异常类，由于 java.lang 是所有 Java 程序都会默认 import 的系统包，这些异常类是可以直接使用的。表 5-1 列出了常见的异常类及其描述。

表 5-1　Java 常见异常

| 方法 | 用途 |
| --- | --- |
| ArithmeticException | 算术异常，如除数为 0 |
| ArrayIndexOutOfBoundsException | 数组下标出界 |
| IllegalArgumentException | 方法收到非法参数 |
| NullPointerException | 试图访问 null 对象引用，空指针异常 |
| ClassCastException | 将对象强制转换为不是实例的子类时，类型转换异常 |
| ClassNotFoundException | 不能加载请求的类 |
| NumberFormatException | 字符串转换为相应数据类型时失败 |
| StringIndexOutOfBoundsException | 程序试图访问字符串中不存在的字符位置 |
| RuntimeException | java.lang 包中多数异常的基类 |
| IOException | I/O 异常的根类 |

（3）异常的分类

Java 语言的异常是通过异常类来表示的，所有的异常类都是直接或间接地继承于 Throwable 类，可分为 Error 和 Exception 两大类。

Error 类及其子类主要用来描述一些 Java 运行时系统内部的错误或资源用尽导致的错误，普通的程序不能从这类错误中恢复。应用程序不能抛出这种类型的错误，这类错误出现的几率是很小的。

另一个异常类的分支是 java.lang.Exception 类和它的子类，在编程中主要是对这类错误进行处理。Exception 是普通程序可以从中恢复的所有标准异常的超类。

图 5-1 是异常类的层次结构。

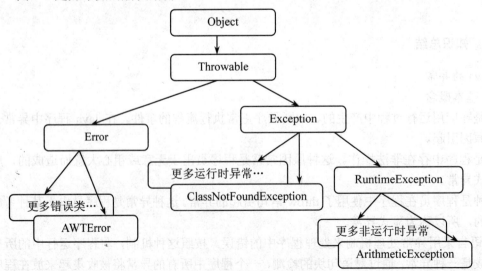

图 5-1　异常类的继承结构

2. 异常处理

在 Java 程序的执行过程中，如果出现了异常事件，就会生成一个异常对象。生成的异常对象将传递给 JVM，这一异常的产生和提交的过程称为抛出（throw）异常。Java 语言的异常处理机制有以下两种。

（1）捕获异常

当产生异常时，JVM 将异常对象交给一段称为捕获（catch）异常的代码进行处理，这一过程称为捕获异常。如果 JVM 找不到可以捕获异常的代码，则程序将终止正常运行而退出。这是积极的异常处理机制。

捕获异常是通过 try-catch-finally 语句实现的。其语法格式是：

```
try{
…
}catch(ExceptionName1 e){
  …
}catch(ExceptionName2 e){
  …
}finally{
  …
}
```

其中，每个部分都是一个语句块，try 语句块是正常的程序代码，将可能出现异常的代码放在 try 块中；

当 try 块中的异常产生时，需要使用和该异常关联的异常处理器来处理异常，使用 catch 块可以实现关联异常处理器，它带有一个异常处理参数变量，表明异常处理器可以处理的异常类型，该异常类型必须是从 Throwable 类继承的类名。Java 运行环境依次比较 ExceptionName 和抛出异常的类型，第一个匹配的异常处理器将会被调用，执行该 catch 块中的代码，之后的异常处理器就不再比较。

程序中 try 块后如果有 finally 块，不管 try 块中是否发生了异常，finally 块中的代码总是会被执行。

**例 5-1** 异常捕获的例子。

```java
public class Example5_1 {
    public static void main(String[] args) {
        int[] a = { 2, 1, 0 };
        try {
            for (int i = 0; i <= a.length; i++) {
                System.out.println(1 / a[i]);
            }
        } catch (ArithmeticException e) {     //分别捕获多种异常
            System.out.println("异常，除数为 0");
            return;
        } catch (ArrayIndexOutOfBoundsException e) {
            System.out.println("异常，下标越界：" + e.getMessage());
            return;
        } catch (Exception e) {
            System.out.println("其他异常：" + e.getMessage());
```

```
                return;
            } finally {    //不论是否出现异常，这部分总会执行
                System.out.println("恢复资源代码");
            }
            System.out.println("程序正常结束");
        }
    }
```

上述代码的输出如下：

```
0
1
异常，除数为 0
恢复资源代码
程序正常结束
```

（2）声明抛出异常

如果一个方法不知道该如何处理所出现的异常，则可在方法定义时，声明抛出异常。这是一种消极的异常处理机制，处理这种异常的方式是捕获它或者再次抛出它。

声明抛出异常不是捕获异常，将可能出现的异常交给调用的方法来处理。声明方法时用 throws 子句声明将可能抛出哪些异常。格式如下：

```
返回值类型　方法名([参数])　throws 异常类型 {
方法体
}
```

其中，throws 子句中可以同时指明多个异常类，异常类之间用逗号隔开。例如：

```
public int readDB() throws IOException, SQLException{
```

如果方法定义中包含 throws 语句，调用该方法的 Java 语句就必须包含在 try-catch 语句块中，否则将发生编译错误。

### 5.1.5　应用实践

定义一个 100 个整数元素的数组，使用随机整数初始化所有 100 个元素。提示用户输入数组下标，程序显示对应元素的值。如果用户输入的下标越界，则使用异常类的输出信息来提示用户，但程序继续运行。

# 任务 5.2　自定义异常

### 5.2.1　情境描述

职称的取值只有初级、中级、副高、正高和其他几种取值，然而，目前 A 类员工的信息接收时，可以接收任意的字符，为了控制有效的职称输入，他需要完成以下的任务：

（1）自定义异常类。

（2）抛出异常操作。

（3）异常信息捕捉。

## 5.2.2 问题分析

系统定义的异常处理机制能够有效地处理运行时的错误，但是，根据具体的业务逻辑不同，往往用户的输入在很多时候也需要自定义的输入限制，解决这样的操作，可以通过自定义异常及异常抛出、异常处理实现。

## 5.2.3 解决方案

（1）利用 Eclipse 新建项目 Task5_2。
（2）新建自定义异常处理类 TitlePosException。

```java
package com.esms;

/**
 * 自定义的职称异常类
 * @author 李法平
 *
 */
public class TitlePosException extends Exception {

    public TitlePosException(String msg){
        super(msg);
    }
}
```

（3）在 EmployeeA 类的职称信息接收 setter 方法中进行异常抛出处理。

```java
/**
 * 设置职称
 * @param employeeTitlePos
 */
public void setEmployeeTitlePos(String employeeTitlePos)throws TitlePosException {
    if(employeeTitlePos.equals("初级") ||
            employeeTitlePos.equals("中级")||
            employeeTitlePos.equals("副高")||
            employeeTitlePos.equals("高级")||
            employeeTitlePos.equals("其他"))
        this.employeeTitlePos = employeeTitlePos;
    else
    {
        throw new TitlePosException("输入的员工职称不正确");
    }
}
```

（4）在调用 EmployeeA 的方法中进行异常处理，当前访问方法 EmployeeAConsole 下的 add 和 modify。

```java
public void add() {
    try {
        EmployeeA objTom = new EmployeeA();
```

```java
            System.out.print("请输入员工号:");
            objTom.setEmployeeNo(in.next());
            System.out.print("请输入员工姓名:");
            objTom.setEmployeeName(in.next());
            System.out.print("请输入员工性别:");
            objTom.setEmployeeGender(in.next());
            System.out.print("请输入所属部门:");
            objTom.setEmployeeDepartment(in.next());
            System.out.print("请输入员工职务:");
            objTom.setEmployeePos(in.next());
            System.out.print("请输入员工职称:");
            objTom.setEmployeeTitlePos(in.next());
            System.out.print("请输入员工入职日期，格式 yyyy-MM-dd:");
            objTom.setEmployeeEntryDate(in.next());
            optionA.add(objTom);
        } catch (TitlePosException e) {
            e.printStackTrace();
        } catch (Exception e) {
            e.printStackTrace();
        }
    }

public void modify() {
    System.out.print("请输入需要编辑的员工号:");
    EmployeeA obj = (EmployeeA) optionA.load(in.next());
    if (obj == null)
        System.out.println("当前编辑对象不存在，不能修改");
    else {
        try {
            System.out.print("请输入需要修改员工姓名:");
            obj.setEmployeeName(in.next());
            System.out.print("请输入需要修改员工性别:");
            obj.setEmployeeGender(in.next());
            System.out.print("请输入需要修改员工所属部门:");
            obj.setEmployeeDepartment(in.next());
            System.out.print("请输入需要修改员工职务:");
            obj.setEmployeePos(in.next());
            System.out.print("请输入需要修改员工职称:");
            obj.setEmployeeTitlePos(in.next());
            System.out.print("请输入需要修改员工入职日期，格式 yyyy-MM-dd:");
            obj.setEmployeeEntryDate(in.next());
            optionA.modify(obj);
        } catch (TitlePosException e) {
            e.printStackTrace();
        } catch (Exception e) {
            e.printStackTrace();
```

```
        }
      }
    }
```

（5）调用，测试验证输入非法职称。结果如图 5-2 所示。

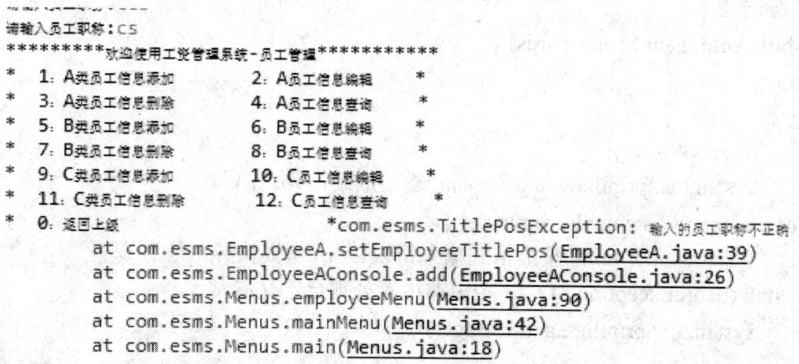

图 5-2　自定义异常程序运行结果

### 5.2.4　知识总结

尽管 Java 为所有可能的一般性错误都定义了相关的异常类。但实际应用中的变化往往是多种多样的，语言设计者也不能预知所有的错误类型。

**1．自定义异常类**

为了创建和使用自定义的异常，就必须先定义一个异常类。可以使用 extends 关键字定义一个异常类，自定义异常类通常是从 Exception 类派生而成。其语法格式为：

```
class  自定义异常类名  extends Exception{
    …
}
```

**2．抛出异常**

抛出异常就是产生异常对象的过程，在 Java 语言的异常处理中，异常情况一般是在程序运行时由系统抛出的。但对于自定义异常，则需要在程序中抛出异常。在方法中，抛出异常对象是通过 throw 语句实现的。throw 语句的作用是在监视程序的控制流程和运行情况，随时可以改变流程，转而执行相应的异常处理。throw 语句总是出现在函数体中，用来明确地抛出一个异常。程序会在 throw 语句后立即终止，在包含它的所有 try 语句块中从里到外寻找含有与其匹配的 catch 子句的 try 语句块。

throw 语句的语法格式为：

```
throw new 异常类名();
```

在异常处理的其他方面，如捕获异常和声明抛出异常，与前一任务中阐述的系统异常处理是相同的。

**3．自定义异常类的使用**

自定义异常类的使用一般分为三个步骤：

（1）设计并声明自定义异常类。

（2）在出现异常处抛出异常，所在的方法还要声明抛出异常。

（3）在处理异常处捕获并处理异常，或再次声明抛出异常。

例5-2　自定义异常的使用：输入的成绩小于0或大于100都将抛出一个自定义的成绩异常。

```java
import java.util.*;

public class Exam5_2 {
    public static void main(String[] args) {
        int i = -1;
        try {
            i = readScore();
            System.out.println(String.format("输出成绩：%d",i));
        } catch (InputMismatchException e) {
            System.out.println("整数格式输入错误。");    //提供异常信息
        } catch (ScoreException e) {        //由调用者处理自定义异常
            System.out.println(e.getMessage());
        }
    }

    public static int readScore() throws InputMismatchException, ScoreException {
        //声明抛出自定义异常
        Scanner sc = new Scanner(System.in);
        System.out.print("输入成绩：");
        int i = sc.nextInt();
        if (i < 0 || i > 100) {
            throw new ScoreException("输入的成绩不能小于0或大于100"); //抛出自定义异常
        }
        return i;
    }
}

class ScoreException extends Exception {    //自定义异常
    public ScoreException(String message) {
        super(message);
    }
}
```

### 5.2.5　应用实践

对于程序中的异常，除了按正确的方式处理外，还要养成良好的异常处理习惯：

- 对异常一定要处理。处理的方式可以有：捕获后进行处理，捕获后重新抛出、捕获后转换成另一种异常抛出、不捕获异常而是声明抛出异常等。应该根据情况灵活选用。
- 捕获后要进行妥善处理。根据异常的具体情况进行处理，并提供详细的异常信息。
- 尽量指定具体的异常。用多个 catch 语句块捕获具体的异常。
- 使用 finally 释放资源。如果 try 语句块中占用了资源，则要保证资源被正确释放。
- try 语句块不要太大。小的 try 语句块有助于分析异常的原因。
- 合理设计与使用自定义异常，将自定义异常抛出给调用者，直到合适的层次再进行处理。

通过本实践，再掌握一些处理异常的方法。

输入三角形三边长，计算三角形面积，其中使用自定义异常，处理边长的输入异常。

# 任务小结

程序运行中的有些错误是可以预料但不可避免的，当出现错误时，要争取做到允许用户排除环境错误，继续运行程序，这就是异常处理程序的任务。

在 Java 中，有些方法的调用在运行时可能抛出错误对象，在程序编译时，编译器强制要求处理可能出现的错误，这也是我们迫切要求学习错误处理的原因。在 Java 中错误有两大类：Exception 和 Error，对于后一种，因为其引起的原因是非程序能解决的，所以在本章中没有涉及对它的处理办法。而对于前者我们可以利用 Java 中已有的异常类，也可以声明自己的异常类，为编程做更细致的排错工作。

一旦程序在运行过程中，抛出了异常对象。那么如何捕捉、处理这些异常呢？在程序中，我们将可能出现异常的语句块放置到 try 中，在 try 语句块后紧跟若干捕获相关异常并处理这种异常的代码 catch 语句块。在 catch 语句块后，接一个 finally 语句块，用于处理程序必须处理的重要语句代码。

在我们编写程序时，也可以将某方法中出现的异常不进行捕获和处理，而是将它抛出，由调用此方法的方法来处理，这时我们就可以采用 throws 语句，将产生的异常对象抛出。

# 练习作业

1．使用 try-catch 来处理下面程序可能发生的异常。

```java
public class Exercise5_1 {
    public static void main(String[] args) {
        for (int i = 0; true; i++) {
            System.out.println("args[" + i + "]" + args[i] + " ");
        }
    }
}
```

2．定义一个自定义异常类，用于测试学生的年龄是否输入正确。假设参加学习人的年龄要求在 18～25 岁之间。

3．编写一个类，类中实现一个整数的阶乘运算方法，并且在运算结果超出数值的表达范围时抛出一个用户的自定义异常。

4．编写一个银行账号类，实现取款方法。在方法中，当账户余额不够时产生一个自定义的异常，提示"账户余额不够"。编写应用程序，测试自定义异常类和取款方法是否达到要求。

# 第六章 I/O 操作

输入/输出处理是程序设计中非常重要的一部分，比如从键盘读取数据、从文件中读取数据或向文件中写入数据等。在实际应用中，几乎所有的应用程序都会涉及到键盘输入、文件读写、屏幕显示等与输入和输出有关的操作。

学习完本章节，您能够：

● 掌握 File 类及其应用，实现文件管理
● 理解 RandomAccessFile 类的应用
● 了解流的概念
● I/O 包常用的字节流和字符流类的使用方法
● 对象存储

## 任务 6.1　文件管理

### 6.1.1　情境描述

Tom 实现的工资管理系统中，针对工资管理中的数据，只是临时存储在内存中，内存中的数据在遇到断电或者重启系统之后将不再存在。为了实现信息的持久保存，在 Windows 系统下，硬盘中的文件采取文件夹及文件形式组织，要实现 Windows 下的数据持久，首先需要掌握如何在 Java 中进行文件及文件夹的创建及修改操作，为此他需要利用 Java 完成以下任务：

（1）利用 Java 创建文件夹的操作。
（2）利用 Java 进行文件创建操作。
（3）实现文本的写入操作。
（4）实现文本的读取操作。

### 6.1.2　情景分析

Windows 系统的文件夹及文件的创建能够自由地在 Windows 环境下完成，然而，通过 Java 语言去完成文件夹及文件的创建任务，需要借助 java.io.File 类来实现。File 类提供文件的访问及文件夹的创建操作，利用它能够顺利完成任务，同样还可以利用 java.io 下的 Random-AccessFile 类来实现对文件的随机操作。

### 6.1.3　解决方案

（1）打开 Eclipse，新建项目 Task6_1。
（2）在项目 Task6_1 中新建"com.esms.file"包，用于实现文件操作类组织存储。
（3）新建文件 FileHelper.java，实现底层文件及文件夹的基本操作。类的代码如下：

```
package com.esms.file;

import java.io.*;

/**
 * 文件操作类，实现文件及文件夹操作
 *
 * @author 李法平
 *
 */
public class FileHelper {

    public static boolean createFile(String fileName) ;
    public static boolean deleteFile(String fileName) ;
    public static boolean existsFile(String fileName) ;
    public static boolean createDirectory(String dirName);
    public static boolean deleteDirectory(String dirName);

}
```

（4）利用 File 类完善文件及文件夹基本操作。

```
package com.esms.file;

import java.io.*;

/**
 * 文件操作类，实现文件及文件夹操作
 *
 * @author 李法平
 *
 */
public class FileHelper {

    /**
     * 创建文件操作
     *
     * @param fileName
     * @return
     */
    public static boolean createFile(String fileName) {
        boolean b = false;
        File file = new File(fileName);              //创建文件对象
        if (file. exists() == false)                 //判断文件是否存在，不存在，则创建文件
            try {
                b = file.createNewFile();            //创建文件操作
            } catch (IOException e) {
                //TODO Auto-generated catch block
```

```java
                    e.printStackTrace();
            }
        return b;

    }

    /**
     * 删除文件操作
     *
     * @param fileName
     * @return
     */
    public static boolean deleteFile(String fileName) {
        boolean b = false;
        File file = new File(fileName);
        b = file.delete();
        return b;
    }

    /**
     * 判断文件是否存在
     *
     * @param fileName
     * @return
     */
    public static boolean existsFile(String fileName) {
        boolean b = false;
        File file = new File(fileName);
        b = file.exists();
        return b;
    }

    /**
     * 创建文件夹操作
     *
     * @param dirName
     * @return
     */
    public static boolean createDirectory(String dirName) {
        boolean b = false;
        File file = new File(dirName);
        if (file. exists() == false)
            b = file.mkdir();
        return b;
    }
```

```
/**
    * 删除文件夹操作
    *
    * @param dirName
    * @return
    */
public static boolean deleteDirectory(String dirName) {
        boolean b = false;
        File file = new File(dirName);
        if (file. exists())
            b = file.delete();
        return b;
    }

}
```

（5）在 FileHelper 类中创建 main 函数，测试当前功能是否正确。代码如下：

```
public static void main(String[] args) {
        String path = "C:\\TempDir";
        FileHelper.createDirectory(path);
        String fileName = "C:\\TempDir\\test.txt";
        FileHelper.createFile(fileName);

    }
```

（6）运行程序，检查在 C 盘下是否存在文件夹及文件。

（7）在 FileHelper 类中添加文件写入方法 write，代码如下：

```
/**
    * 实现文件的写入操作
    *
    * @param fileName
    * @param data
    * @return
    */
public static boolean write(String fileName, String data) {
        boolean b = false;
        FileHelper. CreateFile(fileName);
        try {
            RandomAccessFile rf = new RandomAccessFile(fileName, "rw");
            rf.seek(rf.length());        //将文件指针移动到文件末尾
            rf.writeChars(data);         //写入字符串
            rf.close();
            b = true;

        } catch (FileNotFoundException e) {
            //TODO Auto-generated catch block
            e.printStackTrace();
        } catch (IOException e) {
```

```
            e.printStackTrace();
        }
        return b;
    }
```

（8）在 FileHelper 中添加 read 方法，实现代码如下：

```
/**
    * 读取文件操作
    * @param fileName
    * @return
    */
    public static StringBuffer read(String fileName) {
        StringBuffer sb = new StringBuffer(); //

        try {
            //打开文件随机读写操作
            RandomAccessFile rf = new RandomAccessFile(fileName, "rw");
            rf.seek(0);//将文件访问指针移动到文件开始
            String data = "";
            data = rf.readLine();            //读取一行记录
            while (data != null) {            //记录存在，则继续读取
                sb.append(data);            //将记录添加到 StringBuffer 中
                data = rf.readLine();
            }

            rf.close();

        } catch (FileNotFoundException e) {
            //TODO Auto-generated catch block
            e.printStackTrace();
        } catch (IOException e) {
            e.printStackTrace();
        }
        return sb;
    }
```

（9）测试文件读写是否正确。

```
public static void main(String[] args) {
    String path = "C:\\TempDir";
    FileHelper.createDirectory(path);
    String fileName = "C:\\TempDir\\test.txt";
    FileHelper.write(fileName, "Hello");

    StringBuffer sb = FileHelper.read(fileName);
    System.out.print(sb);

}
```

（10）运行验证方法正确性。

### 6.1.4　知识总结

**1. 文件**

字节一般是指 8 位二进制数所组成的数据单位，人们无法直接通过阅读其字面值来理解它所表达的含义。所谓字符，就是指人们能够直接阅读的符号，在 Java 中以 16 位的 Unicode 码表示。而计算机在存储数据的时候，将所有的数据（包括字符）都以字节为单位进行存储。所谓文件，抽象地来讲，任何数据的集合都可以被看作文件。我们通常所谈的"文件"多是指磁盘存储系统上所存储的数据（文件）。我们常常打开一个文件进行读写操作，而读写操作通常与输入输出相关，即从输入中读数据，向输出中写数据。

进行 I/O 操作时可能会产生 I/O 异常，它们属于非运行时异常，必须在程序中处理。如 FileNotFoundException、EOFException、IOException 等。

**2. File 类的使用**

在 Java 语言中，java.io 包通过数据流和文件等相关的接口和类来提供系统输入和输出，在 java.io 包中文件输入输出类的层次结构如图 6-1 所示。其中的 File 类用于对文件和目录的检查和操作，例如创建、删除、改名以及查看相关信息（文件大小、创建时间等）。

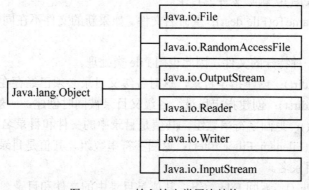

图 6-1　Java 输入输出类层次结构

**（1）构造方法**

File 类描述了文件对象的属性并提供了对文件对象的操作。在 File 类中提供了如表 6-1 所示的构造方法。

表 6-1　File 类的构造方法

| 方法 | 用途 |
| --- | --- |
| File(String pathname) | 用给定路径名字符串创建一个新 File 实例 |
| File(String parent, String child) | 根据 parent 父路径名字符串和 child 子路径名字符串，创建一个新 File 实例 |
| File(File parent, String child) | 根据 parent 父 File 类和 child 子路径名字符串，创建一个新 File 实例 |
| File(URI uri) | 用给定的 URI 创建一个新的 File 实例 |

**（2）常用方法**

File 类的一些常用方法主要用来处理文件信息、文件检查、文件操作和目录操作等。

①文件信息

- long.length()：返回文件的长度。
- long.lastModified()：返回文件或目录的最后修改时间。
- String getName()：返回文件或目录的名称。
- String getPath()：返回全路径名称。
- String getParent()：返回父目录路径名称，如果不存在父目录，则返回 null。

②文件检查

- boolean exists()：测试文件或目录是否存在。
- boolean ifFile()：测试文件是否是一个标准文件。
- boolean isDirectory()：测试文件是否是一个目录。
- boolean canRead()：测试文件是否可读。
- boolean canWrite()：测试文件是否可写。

③文件操作

- boolean createFile()：当且仅当不存在文件时，创建一个新的空文件。
- boolean delete()：删除文件或目录。
- boolean renameTo(File dest)：重命名文件。如果新的文件不在同一目录，则移动文件。

④目录操作

目录被认为是一种特殊的文件，因此也用 File 类处理。

- boolean mkdir()：创建指定目录，这时各级父目录必须已经存在。
- boolean mkdirs()：创建指定目录，各级父目录被同时创建，一般建议使用。
- String[] list()：返回字符串数组，其值是目录中的文件和目录名。
- String[] list(FilenameFilter filter)：返回字符串数组，其值是目录中满足指定过滤条件的文件和目录名。
- File[] listFiles()：返回 File 数组，其值是目录中的文件和目录。
- File[] listFiles(FilenameFilter filter)：返回 File 数组，其值是目录中满足指定过滤条件的文件和目录。

文件名过滤器 FilenameFilter 是一个接口，该接口的 accept()方法完成过滤的实现，返回 true 表明符合条件，该文件出现在结果中。当需要过滤文件或目录时，要先声明一个过滤器类，该类必须实现 FilenameFilter 接口，并实现其中的 accept()方法，然后将该类的实例传递给 list() 方法或 listFiles()方法，从而实现对文件或目录的过滤。

（3）File 类的常用常量

在不同的系统上，文件的分隔符是不一样的。Java 本身属于跨平台的语言，程序应该适应于各个平台的要求。为了解决可以自动适应不同系统的分隔符要求，Java 提供了几个常量 path 分隔符和文件路径的分隔符。表 6-2 列出了 File 类常用常量的具体说明。

所以为了让代码具有更好的可移植性，应尽量使用 File 类封装的常量而不是字符串字面值。

表 6-2　File 类常用常量

| 字段名称 | 字段说明 |
|---|---|
| public static final String separator | 与系统有关的默认名称分隔符。此字段被初始化为包含系统属性 File.separator 的值的第一个字符。在 UNIX 系统上，此字段的值为 "/"；在 Microsoft Windows 系统上，它为 "\\" |
| public static final String pathSeparator | 与系统有关的默认路径分隔符字符。此字段被初始化为包含系统属性 File.pathSeparator 的值的第一个字符。此字符用于按照路径列表给出的文件顺序分隔文件名。在 UNIX 系统上，此字段为 ":"；在 Microsoft Windows 系统上，它为 ";" |

**例 6-1**　实现文件的简单操作：创建和删除。

```java
package com.cqcet.java.chap06;
import java.io.File;
import java.io.IOException;
public class Exam6_1 {
    public static void main(String[] args) {
        File file = new File("e:" + File.separator + "Filedemo.txt");   //找到 file 类的实例
        if (file.exists()) {   //如果文件存在
            file.delete();
        } else {   //如果文件不存在，则创建
            try {
                file.createNewFile();   //创建文件
            } catch (IOException e) {
                e.printStackTrace();
            }
        }
    }
}
```

**例 6-2**　使用文件名过滤器，列出目录中满足条件的文件或目录。

```java
package com.cqcet.java.chap06;
import java.io.*;
public class Exam6_2 {
    public static void main(String[] args) {
        File dir = new File("E:" + File.separator + "eclipse");   //指定要操作的目录
        Filter filter = new Filter("exe");   //生成一个过滤器，过滤所有 exe 文件
        System.out.println("列出所有 exe 文件：" + dir);
        if (dir.isDirectory()) {
            String files[] = dir.list(filter);   //列出满足过滤器要求的文件
            for (int i = 0; i < files.length; i++) {
                File f = new File(dir, files[i]);   //为结果创建一个 File 对象
                if (f.isFile())
                    System.out.println("文件:" + f);   //如果是文件，则打印文件名
                else
                    System.out.println("目录：" + f);   //如果是目录，则打印目录名
            }
        } else {
```

```
                    System.out.println("目录不存在。");
                }
            }
        }
class Filter implements FilenameFilter {    //实现文件名过滤器
        String extName;    //扩展名
        Filter(String extent) {    //构造方法初始化扩展名的设置
            this.extName = extent;
        }
        public boolean accept(File dir, String name) {
            return name.endsWith("." + extName);    //满足扩展名要求，则返回 true
        }
}
```

### 3. RandomAccessFile 类的使用

前面介绍的 File 类只是针对文件本身进行操作的，而如果要想对文件内容进行操作，则可以使用 RandomAccessFile 类，其主要功能是完成随机的读取操作，它可以随机读取一个文件中指定位置的数据，本身也可以直接向文件中保存内容。如果要想实现随机读取，则在存储数据的时候要保证数据长度的一致性，否则无法实现功能。

RandomAccessFile 的构造方法：

public RandomAccessFile(File file,String mode) throws FileNotFoundException

可以看出该方法中需要接收一个 File 类的实例，并设置一个操作的模式：读模式（r）、写模式（w）或读写模式（rw）。其中最重要的是读写模式，如果操作的文件不存在，则会帮助用户自动创建。

（1）使用 RandomAccessFile 进行写入操作

利用随机访问提供的直接写入方法，向文件中直接输出一个基本数据类型数据。

- public final void writeBoolean(boolean v) throws IOException;
- public final void writeByte(byte v) throws IOException;
- public final void writeShort(short v) throws IOException;
- public final void writeChar(char v) throws IOException;
- public final void writeInt(int v) throws IOException;
- public final void writeLong(long v) throws IOException;
- public final void writeFloat(float v) throws IOException;
- public final void writeDouble(double v) throws IOException;
- public final void writeBytes(String s) throws IOException;
- public final void writeChars(String s) throws IOException;
- public final void writeUTF(String s) throws IOException;

例 6-3　使用 RandomAccessFile 进行写入的操作。

```
package com.cqcet.java.chap06;
import java.io.File;
import java.io.RandomAccessFile;
public class Exam6_3 {
    public static void main(String[] args) throws Exception {//所有异常抛出
```

```
File file = new File("e:" + File.separator + "Filedemo.txt");//指定要操作的文件
RandomAccessFile raf = new RandomAccessFile(file, "rw");//以读写的形式进行操作
//写入第一条数据
String name = "zhangsan";//表示姓名
int age = 30; //表示年龄
raf.writeBytes(name); //以字节的方式将字符串写入
raf.writeInt(age); //写入整型数据
//写入第二条数据
name = "lisi    ";//表示姓名
age = 31; //表示年龄
raf.writeBytes(name); //以字节的方式将字符串写入
raf.writeInt(age); //写入整型数据
//写入第三条数据
name = "wangwu   ";//表示姓名
age = 32; //表示年龄
raf.writeBytes(name); //以字节的方式将字符串写入
raf.writeInt(age); //写入整型数据
raf.close();//文件操作的最后一定要关闭
    }
}
```

（2）使用 RandomAccessFile 进行读取操作

在 RandomAccessFile 操作的时候，读取的方法都是从 DataInput 接口实现而来的，提供了一系列的直接从输入流中读取相应类型数据的方法。

- public final boolean readBoolean() throws IOException;
- public final byte readByte() throws IOException;
- public final int readUnsignedByte() throws IOException;
- public final int readShort() throws IOException;
- public final int readUnsignedShort() throws IOException;
- public final char readChar() throws IOException;
- public final int readInt() throws IOException;
- public final long readLong() throws IOException;
- public final float readFloat() throws IOException;
- public final double readDouble() throws IOException;
- public final String readLine() throws IOException;
- public final String readUTF() throws IOException;

在 RandomAccessFile 中因为可以实现随机的读取，所以有一系列的控制方法，常用的是：

- 回到读取点：public void seek(long pos) throws IOException
- 跳过指定字节：public int skipBytes(int n) throws IOException
- 返回当前文件指针的位置：public long getFilePointer() throws IOException;
- 关闭随机访问文件：public void close() throws IOException

相当于在文件中提供了一个指针完成具体的操作功能。

**例 6-4**　使用 RandomAccessFile 进行读取的操作。

```
package com.cqcet.java.chap06;
import java.io.File;
import java.io.RandomAccessFile;
public class Exam6_4 {
    public static void main(String[] args) throws Exception {//所有异常抛出
        File file = new File("e:" + File.separator + "Filedemo.txt");//指定要操作的文件
        RandomAccessFile raf = new RandomAccessFile(file, "r");//以读的形式进行操作
        byte b[] = null;//定义字节数组
        String name = null;
        int age = 0;
        b = new byte[8];
        raf.skipBytes(12); //跨过第一个人的信息
        System.out.println("第二个人的信息：");
        for (int i = 0; i < 8; i++) {
            b[i] = raf.readByte(); //读取字节
        }
        age = raf.readInt();//读取数字
        System.out.println("\t 姓名： " + new String(b));
        System.out.println("\t 年龄： " + age);
        raf.seek(0);//回到开始位置
        System.out.println("第一个人的信息：");
        for (int i = 0; i < 8; i++) {
            b[i] = raf.readByte(); //读取字节
        }
        age = raf.readInt();//读取数字
        System.out.println("\t 姓名： " + new String(b));
        System.out.println("\t 年龄： " + age);
        raf.skipBytes(12); //跨过第二个人的信息
        System.out.println("第三个人的信息：");
        for (int i = 0; i < 8; i++) {
            b[i] = raf.readByte(); //读取字节
        }
        age = raf.readInt();//读取数字
        System.out.println("\t 姓名： " + new String(b));
        System.out.println("\t 年龄： " + age);
        raf.close();//文件操作的最后一定要关闭
    }
}
```

### 6.1.5　应用实践

在指定磁盘上创建一个文件 java\file\myDocument.txt，当文件的路径不存在时，要求程序能为其建立包括父目录在内的完整路径。然后用 RandomAccessFile 类实现对创建文件的写入和随机读取操作。

# 任务 6.2　流操作文件

## 6.2.1　情境描述

Tom 设计的工资管理系统下的员工信息，利用流的方式实现文件的读取及写入操作，需要完成以下任务：

（1）利用字符流创建数据写入方法。

（2）利用字节流创建数据读取方法。

## 6.2.2　问题分析

通过 RandomAccessFile 类能够实现文件的存储操作，然而，在文件操作的时候存在一定的缺陷，Java 提供 InputStream 和 OutputStream 类，便于文件输入输出操作。

## 6.2.3　解决方案

（1）新建项目 Task6_2

（2）在 com.esms.file 包下创建流文件操作类 FileStreamHelper.java 类。实现文件的流模式读取及写入操作。

```java
/**
 *
 */
package com.esms.file;
import java.io.*;
import java.util.List;

/**
 * 流文件 操作类
 * @author 李法平
 *
 */
public class FileStreamHelper {
    /**
     * 写文件操作
     * @param fileName
     * @param data
     * @return
     */
    public static boolean write(String fileName,String data,boolean append){
        boolean b=false;
        try {
            //以追加方式创建写文件对象，
            FileWriter fw=new FileWriter(fileName,append);
            //缓冲方式写
            BufferedWriter bw=new BufferedWriter(fw);
            //写入内容
```

```
                bw.write(data);
                bw.close();
                fw.close();
                b=true;
            } catch (IOException e) {

                e.printStackTrace();
            }
            return b;
        }
        /**
         * 读取文件操作
         * @param fileName
         * @return
         */
        public static List<String> reader(String fileName){
            List<String> sb = new java.util.ArrayList<String>();
            try {
                //写文件类
                FileReader fr=new FileReader(fileName);
                //缓冲读
                BufferedReader br=new BufferedReader(fr);
                String data=br.readLine();//读取一行记录
                while (data!=null){
                    sb.add(data);
                    data=br.readLine();
                }
            } catch (FileNotFoundException e) {
                e.printStackTrace();
            } catch (IOException e) {
                e.printStackTrace();
            }
            return sb;
        }

    }
}
```

（3）打开 EmployeeA 类，在该类中重写父类方法 toString，用于格式显示 EmployeeA 的信息。

```
package com.esms;
import java.text.DateFormat;
import java.text.ParseException;
import java.text.SimpleDateFormat;
import java.util.Date;
import java.util.Calendar;
/**
 * A 类员工类
 *
 * @author 李法平
 *
```

```
*/
public class EmployeeA extends Employee implements Output    {
        //略
    public String toString(){
        String ret="%s,%s,%s,%s,%s,%s,%s";
        DateFormat df = new SimpleDateFormat("yyyy-MM-dd ");

        ret=String.format(ret, this.employeeNo,this.employeeName,this.employeeGender,
                this.employeePos,this.employeeDepartment,this.employeeTitlePos,
                df.format(this.employeeEntryDate));
        return ret;

    }
}
```

（4）创建员工文件持久操作 EmployeeAFile 类，实现 A 类员工的添加、修改、删除及查询功能。

```
package com.esms.file;

import java.util.List;
import com.esms.EmployeeA;
import com.esms.TitlePosException;

public class EmployeeAFile {
    private FileStreamHelper helper = new FileStreamHelper();
    private String fileName = "C:\\EmployeeA.txt";

    /**
     * 添加 A 类员工
     *
     * @param entity
     * @return
     */
    public boolean add(com.esms.EmployeeA entity) {
        boolean b = false;
        String data = entity.toString();
        b = helper.write(fileName, data, true);
        return b;
    }

    /**
     * 编辑数据
     *
     * @param entity
     * @return
     */
    public boolean edit(com.esms.EmployeeA entity) {
        boolean b = false;
        List<String> sb = new java.util.ArrayList<String>();
        sb = (List<String>) helper.reader(fileName);
        String data;
```

```java
        for (int i = 0; i < sb.size(); i++) {
            data = sb.get(i);
            String t = entity.getEmployeeNo();
            if (data.contains(t)) {
                data = entity.toString();
                sb.set(i, data);
                break;
            }
        }
        helper.write(fileName, sb.toString(), false);
        return b;
    }


    /**
     * 删除记录
     *
     * @param empNo
     * @return
     */
    public boolean delete(String empNo) {
        boolean b = false;

        List<String> sb = new java.util.ArrayList<String>();
        sb = (List<String>) helper.reader(fileName);
        String data;
        int j = 0;
        for (int i = 0; i < sb.size(); i++) {
            data = sb.get(i);
            String t = empNo;
            if (data.contains(t)) {
                j = i;
                break;
            }
        }
        if (j >= 0){
            sb.remove(j);
        }else{
            return b
        }
        data="";
        for(int i=0;i<sb.size();i++)
        {
            data+=sb.get(i);
        }
        b=helper.write(fileName, sb.toString(), false);
        return b;
    }

    /**
     * 载入记录
```

```
       *
       * @param empNo
       * @return
       */
      public com.esms.EmployeeA load(String empNo) {
            com.esms.EmployeeA entity = null;
            List<com.esms.EmployeeA> list = query();
            for (int i = 0; i < list.size(); i++) {
                  if (list.get(i).getEmployeeNo().equals(empNo)) {
                        entity = list.get(i);
                        break;
                  }
            }
            return entity;
      }


      /**
       * 查询所有记录
       *
       * @return
       */
      public List<com.esms.EmployeeA> query() {
            List<com.esms.EmployeeA> list = new java.util.ArrayList<com.esms.EmployeeA>();
            List<String> sb = new java.util.ArrayList<String>();
            sb = (List<String>) helper.reader(fileName);
            String data;
            for (int i = 0; i < sb.size(); i++) {
                  data = sb.get(i);
                  String[] arr = data.split(",");
                  com.esms.EmployeeA entity = new com.esms.EmployeeA();
                  entity.setEmployeeNo(arr[0]);
                  entity.setEmployeeName(arr[1]);
                  entity.setEmployeeGender(arr[2]);
                  entity.setEmployeePos(arr[3]);
                  entity.setEmployeeDepartment(arr[4]);
                  try {
                        entity.setEmployeeTitlePos(arr[5]);
                  } catch (TitlePosException e) {

                        e.printStackTrace();
                  }
                  entity.setEmployeeEntryDate(arr[6]);
            }
            return list;
      }
}
```

（5）在员工管理界面 EmployeeAConsole 类中调用实现员工信息持久类，修改代码如下：

```
package com.esms;

import java.util.Scanner;
```

```java
public class EmployeeAConsole {
    com.esms.file.EmployeeAFile option=new com.esms.file.EmployeeAFile();
    Scanner in = new Scanner(System.in);

    /**
     * 添加 A 类员工操作方法
     */
    public void add() {
        try {
            EmployeeA objTom = new EmployeeA();
            System.out.print("请输入员工号:");
            objTom.setEmployeeNo(in.next());
            System.out.print("请输入员工姓名:");
            objTom.setEmployeeName(in.next());
            System.out.print("请输入员工性别:");
            objTom.setEmployeeGender(in.next());
            System.out.print("请输入所属部门:");
            objTom.setEmployeeDepartment(in.next());
            System.out.print("请输入员工职务:");
            objTom.setEmployeePos(in.next());
            System.out.print("请输入员工职称:");
            objTom.setEmployeeTitlePos(in.next());
            System.out.print("请输入员工入职日期，格式 yyyy-MM-dd:");
            objTom.setEmployeeEntryDate(in.next());
            option.add(objTom);
        } catch (TitlePosException e) {
            e.printStackTrace();
        } catch (Exception e) {
            e.printStackTrace();
        }
    }

    public void modify() {

        System.out.print("请输入需要编辑的员工号:");
        EmployeeA obj = (EmployeeA) option.load(in.next());
        if (obj == null)
            System.out.println("当前编辑对象不存在，不能修改");
        else {
            try {
                System.out.print("请输入需要修改员工姓名:");
                obj.setEmployeeName(in.next());
                System.out.print("请输入需要修改员工性别:");
                obj.setEmployeeGender(in.next());
                System.out.print("请输入需要修改员工所属部门:");
                obj.setEmployeeDepartment(in.next());
                System.out.print("请输入需要修改员工职务:");
                obj.setEmployeePos(in.next());
                System.out.print("请输入需要修改员工职称:");
```

```
                    obj.setEmployeeTitlePos(in.next());
                    System.out.print("请输入需要修改员工入职日期，格式 yyyy-MM-dd:");
                    obj.setEmployeeEntryDate(in.next());
                    option.edit(obj);
                } catch (TitlePosException e) {
                    e.printStackTrace();
                } catch (Exception e) {
                    e.printStackTrace();
                }
            }
        }

        public void remove() {
            //调用员工信息删除功能
            System.out.print("请输入需要编辑的员工号:");
            if (option.delete(in.next()))
                System.out.println("删除员工信息成功");
            else
                System.out.println("删除员工信息失败");
        }

        public void query() {

            java.util.List<EmployeeA> list = this.option.query();
            for (EmployeeA e : list) {
                e.display();
            }
        }
    }
```

（6）运行测试。

## 6.2.4  知识总结

### 1. 流的概念

所谓流（stream），是指有序的数据序列，它有一个来源（输入流）或者目的地（输出流）。我们往往可以从两个角度对流进行划分：从流的功能性角度来看，一个可以读取数据的对象被称为输入流，一个可以写入数据的对象被称为输出流；而从数据的组织方法来看，如果一个流的数据组织单位为字节，则称为字节流（二进制流），若是数据的组织单位为字符，则称为字符流（文本流）。通过流，程序可以自由地控制包括文件、内存、IO 设备、键盘等中的数据的流向。

Java 中 I/O 操作的绝大部分工作由 java.io 包承担。其中抽象类 Reader 和 Writer 主要用于字符流的输入输出；抽象类 InputStream 和 OutputStream 主要用于二进制字节流的输入输出。

使用流的方法，基本过程可以描述为：

- 使用流的构造方法创建流，选择是输入流还是输出流。
- 使用流所提供的方法，进行读写等操作。
- 使用完流后，用 close()方法关闭流。

### 2. 字节流

程序员在创建了文件对象之后就需要创建与之相关联的流来进行读写操作，而二进制文件的读写操作显然需要通过字节流来实现。java.io 包中定义了进行二进制字节流的输入输出抽象类 InputStream 和 OutputStream。这两个抽象类的扩展又提供了很多实用的字节流子类。这些字节流子类负责对不同的数据源进行处理，例如磁盘文件、网络连接，甚至是内存缓冲区。

大多数对流的操作都会抛出 IOException 或者它的子类，比如在关闭的流上继续进行操作，但关闭一个已经关闭的流不会抛出异常。

（1）InputStream 类

java.io.InputStream，此抽象类是表示字节输入流的所有类的超类，它声明了从特定资源读取字节的方法。该类派生的层次结构如图 6-2 所示。

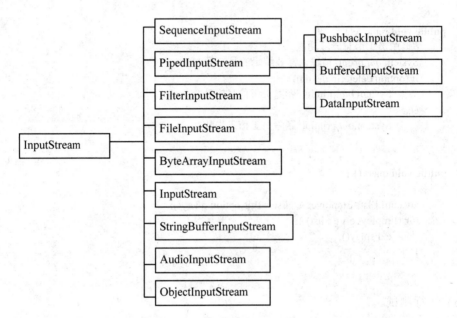

图 6-2    InputStream 类的层次结构

常用方法如表 6-3 所示。

表 6-3    InputStream 类的常用方法

| 方法名 | 方法说明 |
| --- | --- |
| public abstract int read() throws IOException | 读取一个字节的数据，并将其以整数的形式返回。该整数的范围是 0～255；如果已达到流的末尾，从而无法获得任何字节，则该方法返回-1。该方法是阻塞式 IO，即该方法会发生阻塞直到可获得输入、到达流末尾或者抛出异常 |
| public int read(byte[] b, int off, int len) throws IOException | 从输入流中读取长度为 len 的数据，写入数组 b 中从索引 off 开始的位置，并返回读取的字节数 |
| public long skip(long n) throws IOException | 跳过流中的 n 个字节，或者直接到达流的结尾。该方法返回实际跳过的字节数 |
| public int available() throws IOException | 返回在不阻塞情况下可以读取的（或者跳过的）字节数，默认实现返回 0 |
| public void close() throws IOException | 关闭输入流。关闭一个已经关闭的流不会有任何影响 |

InputStream 是一个抽象类，我们无法直接将其实例化，我们经常直接使用的是一些 InputStream 类派生出的子类。其常用子类有：

①FileInputStream：从文件系统中的某个文件中获得输入字节。只需在构造函数中给出文件名或路径即可。

②ObjectInputStream：对使用 ObjectOutputStream 写入的基本数据和对象进行反序列化。

③ByteArrayInputStream：该类包含有一个内部缓冲区，它包含有从流中读取的字节。

④SequenceInputStream：表示其他输入流的逻辑串联。它从输入流的有序集合开始，并从第一个输入流开始读取，直到到达文件末尾，接着从第二个输入流读取，直到到达包含的最后一个输入流的文件末尾为止。

⑤DataInputStream：它允许应用程序以与机器无关方式从底层输入流中读取 Java 简单数据类型。它只有一个以 InputStream 对象为参数的构造方法。

（2）OutputStream 类

作为其他字节输出流类的基类 OutputStream，也有类似的层次派生结构类，如图 6-3 所示。

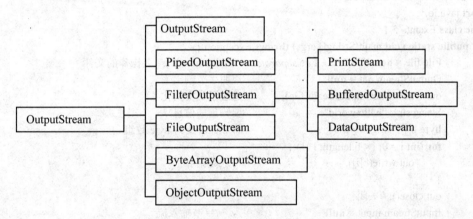

图 6-3　OutputStream 类层次结构

输出流 OutputStream 定义了将数据流写到输出设备的基本方法，如表 6-4 所示。

表 6-4　OutputStream 类的常用方法

| 方法名 | 方法说明 |
| --- | --- |
| public abstract void write(int b) throws IOException | 将指定的字节写入此输出流。write 的常规协定是：向输出流写入一个字节。要写入的字节是参数 b 的 8 个低位。b 的 24 个高位将被忽略。该方法是一个抽象方法，它的子类必须提供此方法的一个实现 |
| public void write(byte[] b, int off, int len) throws IOException | 将指定字节数组中从偏移量 off 开始的 len 个字节写入此输出流 |
| public void flush() throws IOException | 刷新此输出流并强制写出所有缓冲的输出字节 |
| public void close() throws IOException | 关闭此输出流并释放与此流有关的所有系统资源 |

OutputStream 是一个抽象类，我们无法直接将其实例化，我们经常直接使用的是其子类。如：

①FileOutputStream：用于将数据写入某个文件中的输出流。

②ObjectOutputStream：将 Java 对象的基本数据类型写入 OutputStream。随后可以使用 ObjectInputStream 重构对象。

③ByteArrayOutputStream：此类实现了一个输出流，其中的数据被写入一个 byte 数组。可使用 toByteArray 和 toString 方法获取数据。此类中的方法在关闭此流后仍可被调用，而不会产生 IOException 异常。

④DataOutputStream：允许应用程序将基本 Java 数据类型写入输出流中。

DataInputStream 提供了大量的 read 方法用以读取基本数据类型，例如 readInt()，readBoolean()，readDouble()等。DataOutputStream 提供了大量的 write 方法用以写入基本数据类型，例如 writeBoolean(boolean v)，writeInt(int v)等。通过使用 DataInputStream 和 DataOutputStream，程序员在操作二进制文件时，具有了读写基本数据类型的能力，而不必拘泥于低级的一次读写一个字节的方式。这样，我们在处理记录型的二进制文件时十分方便。

**例 6-5** 使用字节流实现对文件的输入输出操作。

```java
package com.cqcet.java.chap06;
import java.io.*;
public class Exam6_5 {
    public static void main(String[] args) throws Exception {
        File file = new File("e:" + File.separator + "Filedemo.txt"); //要操作的文件
        OutputStream out = null;                  //声明字节输出流
        out = new FileOutputStream(file);         //通过子类实例化
        String str = "hello world";               //要输出的信息
        byte b[] = str.getBytes();                //将 String 变为 byte 数组
        for (int i = 0; i < b.length; i++) {
            out.write(b[i]);                      //写入数据
        }
        out.close(); //关闭
        InputStream input = null;                 //字节输入流
        input = new FileInputStream(file);        //通过子类进行实例化操作
        byte b1[] = new byte[(int) file.length()]; //开辟空间接收读取的内容
        for (int i = 0; i < b.length; i++) {
            b1[i] = (byte) input.read();          //一个个的读取数据
        }
        System.out.println(new String(b1));       //输出内容，直接转换
        input.close(); //关闭
    }
}
```

### 3. 字符流

在实际中，很多数据都是文本，所以 Java 提出了字符流的概念。字符流处理的单元为两个字节的 Unicode 字符。Java.io 包中定义的用于字符流输入输出的抽象类是 Reader 和 Writer。这些抽象类的扩展又提供了很多实用的字符流子类。其层次结构如图 6-4、图 6-5 所示。

字符流与字节流在大多数方面保持操作的一致性，例如都支持打开和关闭的操作，同样采取阻塞式读写策略，同样在不需要时应当尽快将其关闭，大多数的操作会抛出 IOException 等。

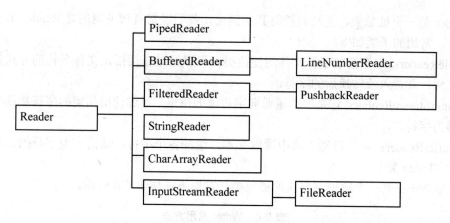

图 6-4　Reader 类的层次结构

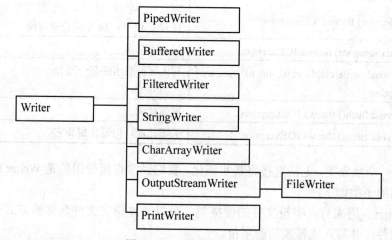

图 6-5　Writer 类的层次结构

（1）Reader 类

Reader 是一个读取字符流的抽象类。它具有 read 方法，可以返回由某个 int 值的低 16 位构成的 char，即读取字符的能力。常用方法如表 6-5 所示。

表 6-5　Reader 类的常用方法

| 方法名 | 方法说明 |
| --- | --- |
| public int read() throws IOException | 读取单个字符。在有可用字符、发生 I/O 错误或者已到达流的末尾前，此方法一直阻塞 |
| public abstract int read(char[] cbuf, int off, int len) throws IOException | 将字符读入数组的某一部分。在某个输入可用、发生 I/O 错误或者到达流的末尾前，此方法一直阻塞 |
| public boolean ready() throws IOException | 判断是否准备读取此流 |
| public long skip(long n) throws IOException | 跳过字符。在某个字符可用、发生 I/O 错误或者已到达流的末尾前，此方法一直阻塞 |
| public abstract void close() throws IOException | 关闭该流 |

Reader 是一个抽象类，无法直接将其实例化，我们经常直接使用的是 Reader 的子类来实例化操作。常用的子类如下：

①FileReader：用来读取字符文件的便捷类。可以通过直接指定文件名称的方式打开指定的文本文件，并读入流转换后的字符。

②InputStreamReader：它是字节流通向字符流的桥梁。通过使用指定的字符集读取字节并将其解码为字符。

③BufferReader：从字符输入流中读取文本，缓冲各个字符，从而实现字符的高效读取。

（2）Writer 类

java.io.Writer 是一个输出字符流的抽象类。常用方法如表 6-6 所示。

表 6-6　Writer 常用方法

| 方法名 | 方法说明 |
| --- | --- |
| public void write(int c) throws IOException | 写入单个字符。要写入的字符包含在给定整数值的 16 个低位中，16 个高位被忽略 |
| public void write(String str) throws IOException | 写入字符串 |
| public abstract void write(char[] cbuf, int off, int len) throws IOException | 写入字符数组的某一部分 |
| public abstract void flush() throws IOException | 刷新此流 |
| public abstract void close() throws IOException | 关闭此流，但要先刷新它 |

Writer 是一个抽象类，无法直接将其实例化，我们经常直接使用的是 Writer 的子类来实例化操作。常用的子类如下：

①FileWriter：用来写入字符文件的便捷类。可以通过指定文件名称的方式打开要进行写操作的文本文件，并写入流转换后的字符。

②OutputStreamWriter：通过使用指定的字符集将要写入流中的字符编码成字节。

③BufferWriter：当写文件时，为了提高效率，写入的数据会先放入缓冲区，只有当缓冲区填满时，才调用本地输出 API。

例 6-6　使用字节流实现对文件的输入输出操作。

```
package com.cqcet.java.chap06;
import java.io.*;
public class Exam6_6 {
    public static void main(String[] args) throws Exception {
        File file = new File("e:" + File.separator + "Filedemo.txt"); //要操作的文件
        Writer out = null; //声明字符输出流
        out = new FileWriter(file, true); //通过子类实例化，true 表示可以追加
        String str = "hello world\r\n"; //要输出的信息，可追加
        out.write(str); //写入数据
        out.close(); //关闭

        Reader input = null; //字节输入流
        input = new FileReader(file);//通过子类进行实例化操作
```

```
        char b[] = new char[(int) file.length()];//开辟空间接收读取的内容
        for (int i = 0; i < b.length; i++) {
            b[i] = (char) input.read(); //一个个的读取数据
        }
        System.out.println(new String(b)); //输出内容，直接转换
        input.close(); //关闭
    }
}
```

### 6.2.5　应用实践

用 Java 开发一个应用程序，由它来完成文件的复制，它不仅可以复制单个的文件，还可以对文件夹中全部内容进行复制。使用 I/O 操作实现一个文件的拷贝功能，类似 DOS 操作的 copy 命令。

# 任务 6.3　对象的存储

### 6.3.1　情境描述

在任务 6.2 中，成功地实现了员工信息的持久，然而，员工对象是以文本文件存储到文件中，而在面向对象的程序设计中，员工的信息往往以对象的形式存在。对象与文本数据之间的转换增加了程序数据持久的难度，为了简化数据储存格式转换的难度，需要完成以下任务：

（1）利用对象流实现内存对象直接写入到文件中。

（2）利用对象流实现硬盘文件读取到内存中。

### 6.3.2　问题分析

任务 6.2 的解决方法能够实现工资管理中的员工管理、工资管理等信息的存储，然而，在 Java 语言中，任务 6.2 的方法却面临存储格式的转换问题。Java 语言提供对象 ObjectInputStream 及 ObjectOutputStream 解决此类问题，在实现对象存储的时候需要注意，Java 的对象需要进行序列化才能实现持久。

### 6.3.3　解决方案

（1）新建项目 Task6_3。

（2）在 com.esms.File 下建立对象流 ObjectStreamHelper 类，实现对象流的写入和读取操作。

（3）在 ObjectStreamHelper 类下添加 write 方法，代码如下：

```
/**
    * 将对象写入到文件中
    * @param fileName
    * @param data
    * @param append
    * @return
    */
```

```java
public static boolean write(String fileName,Object data,boolean append){
    boolean b=false;
    FileOutputStream fs;
    try {
        //文件输出流
        fs = new FileOutputStream(fileName,append);
        //创建对象输出流
        ObjectOutputStream out=new ObjectOutputStream(fs);
        //将对象写入到文件中
        out.writeObject(data);
        out.flush();
        out.close();
        fs.close();
        b=true;
    } catch (FileNotFoundException e) {
        e.printStackTrace();
    } catch (IOException e) {
        e.printStackTrace();
    }

    return b;
}
```

（4）在 ObjectStreamHelper 类下添加 read 方法，读取对象。

```java
/**
 * 实现对象的读取
 * @param fileName
 * @return
 */
public static Object read(String fileName){
    List<Object> list=new ArrayList<Object>();
    try {
        FileInputStream fs=new FileInputStream(fileName);
        ObjectInputStream input=new ObjectInputStream(fs);
        Object o=input.readObject();
        while(o!=null){
            list.add(o);
            o=input.readObject();
        }
    } catch (FileNotFoundException e) {
        e.printStackTrace();
    } catch (IOException e) {
        e.printStackTrace();
    } catch (ClassNotFoundException e) {
        e.printStackTrace();
    }
    return list;
}
```

（5）编写 B 类员工数据持久操作类 EmployeeBFile.java，代码如下：

```java
package com.esms.file;

import java.util.ArrayList;
import java.util.List;

import com.esms.EmployeeB;
import com.esms.TitlePosException;

public class EmployeeBFile {
    private ObjectStreamHelper helper = new ObjectStreamHelper();
    private String fileName = "C:\\EmployeeB.txt";

    /**
     * 添加 A 类员工
     *
     * @param entity
     * @return
     */
    public boolean add(com.esms.EmployeeB entity) {
        boolean b = false;

        b = helper.write(fileName, entity, true);
        return b;
    }

    /**
     * 编辑数据
     *
     * @param entity
     * @return
     */
    public boolean edit(com.esms.EmployeeB entity) {
        boolean b = false;
        List<EmployeeB> list = new java.util.ArrayList<EmployeeB>();
        list = (List<EmployeeB> ) helper.read(fileName);
        EmployeeB data;
        for (int i = 0; i < list.size(); i++) {
            data = list.get(i);
            String t = entity.getEmployeeNo();
            if (data.getEmployeeNo().equals(t)) {
                data = entity;

                break;
            }
        }
```

```java
            if(list.size()>0)
                helper.write(fileName, list.get(0), true);
            else
            {
                if(list.size()>1)
                    for(int i=1;i<list.size();i++)
                        b=helper.write(fileName, list.get(i), false);
            }

        return b;
    }

/**
 * 删除记录
 *
 * @param empNo
 * @return
 */
public boolean delete(String empNo) {
    boolean b = false;

    List<EmployeeB> list = new java.util.ArrayList<EmployeeB>();
    list = (List<EmployeeB> ) helper.read(fileName);
    EmployeeB data;
    int j=0;
    for (int i = 0; i < list.size(); i++) {
        data = (EmployeeB)list.get(i);

        if (data.getEmployeeNo().equals(empNo)) {
            j=i;

            break;
        }
    }
    if(j>=0)
        list.remove(j);
    if(list.size()>0)
        b=helper.write(fileName, list.get(0), true);
    else
    {
        if(list.size()>1)
            for(int i=1;i<list.size();i++)
                b=helper.write(fileName, list.get(i), false);
    }

    return b;
```

```
        }

        /**
         * 载入记录
         *
         * @param empNo
         * @return
         */
        public com.esms.EmployeeB load(String empNo) {
            com.esms.EmployeeB entity = null;
            List< EmployeeB> list = query();
            for (int i = 0; i < list.size(); i++) {
                if (list.get(i).getEmployeeNo().equals(empNo)) {
                    entity = list.get(i);
                    break;
                }
            }
            return entity;
        }


        /**
         * 查询所有记录
         *
         * @return
         */
        public List<com.esms.EmployeeB> query() {
            List<EmployeeB> list = new java.util.ArrayList<EmployeeB>();
            try
            {
            list = (List<EmployeeB> ) helper.read(fileName);
            }
            catch(Exception ex){

            }
            return list;
        }
    }
}
```

（6）修改 EmployeeB 类，添加对象序列化，代码如下：

```
package com.esms;

/**
 *
 * @author 李法平
 *
 */
public class EmployeeB extends Employee implements java.io.Serializable {
```

```
        //略
}
```

（7）修改 EmployeeBConsole，实现对象持久，修改后的代码如下：

```java
package com.esms;

import java.util.Scanner;

import com.esms.file.EmployeeBFile;

public class EmployeeBConsole {
    //static EmployeeOption optionB = new EmployeeOption();
    EmployeeBFile optionB=new EmployeeBFile();
    Scanner in = new Scanner(System.in);

    /**
     * 添加 B 类员工操作方法
     */
    public void add() {

        EmployeeB obj = new EmployeeB();
        System.out.print("请输入员工号:");
        obj.setEmployeeNo(in.next());
        System.out.print("请输入员工姓名:");
        obj.setEmployeeName(in.next());
        System.out.print("请输入员工性别:");
        obj.setEmployeeGender(in.next());
        System.out.print("请输入所属部门:");
        obj.setEmployeeDepartment(in.next());
        System.out.print("请输入员工职务:");
        obj.setEmployeePos(in.next());
        System.out.print("请输入员工职称:");
        obj.setEmployeeTitlePos(in.next());
        System.out.print("请输入员工的工作时间小时量:");
        obj.setEmployeeWorkTimes(in.nextInt());
        optionB.add(obj);
    }

    public void modify() {

        System.out.print("请输入需要编辑的员工号:");
        EmployeeB obj = (EmployeeB) optionB.load(in.next());
        if (obj == null)
            System.out.println("当前编辑对象不存在，不能修改");
        else {
            System.out.print("请输入需要修改员工姓名:");
            obj.setEmployeeName(in.next());
```

```
            System.out.print("请输入需要修改员工性别:");
            obj.setEmployeeGender(in.next());
            System.out.print("请输入需要修改员工所属部门:");
            obj.setEmployeeDepartment(in.next());
            System.out.print("请输入需要修改员工职务:");
            obj.setEmployeePos(in.next());
            System.out.print("请输入需要修改员工职称:");
            obj.setEmployeeTitlePos(in.next());
            System.out.print("请输入需要修改员工的工作时间小时量:");
            obj.setEmployeeWorkTimes(in.nextInt());
            optionB.edit(obj);
        }
    }

    public void remove() {
        //调用员工信息删除功能
        System.out.print("请输入需要编辑的员工号:");
        if (optionB.delete(in.next()))
            System.out.println("删除员工信息成功");
        else
            System.out.println("删除员工信息失败");
    }

    public void query() {
        //System.out.print("请输入查询的员工名:");
        java.util.List<EmployeeB> list = optionB.query( );
        for (EmployeeB e : list) {
            e.display();
        }
    }
}
```

### 6.3.4　知识总结

1. 标准流

命令行交互是传统的交互方式，如果程序要在 Linux 系统上运行，以这种方式出现的可能性就比较大。Java 平台提供了标准流实现命令行交互的方式。

几乎所有的操作系统都支持标准流。默认情况下，它们从键盘读取输入，利用显示器进行输出。Java 平台支持 3 种标准流：①标准输入 stdin，对象是键盘，通过 System.in 访问；②标准输出 stdout，对象是屏幕，通过 System.out 访问；③标准错误输出 stderr，对象也是屏幕，通过 System.err 访问。这三种标准流都是系统预先定义好的，用户无须进行打开操作就可使用。

System.out 和 System.err 被声明为类 PrintStream 的对象。System.in 被声明为 InputStream 的对象，所以标准流也都是字节流。

**2．格式化输入**

Java 语言中，格式化输入是通过类 java.util.Scanner 来完成的。Scanner 类所提供的多数方法都可以接受特定的用来表示该类的对象应该如何匹配输入的模式，所有的这些方法都有两种形式。一种是接受以字符串形式表示的模式，另一种是接受以 java.util.regex.Pattern 对象表示的模式。

Scanner 类的主要作用是从键盘或文件等读取基本数据类型和读取一行字符信息。主要方法如下：

nextLine()：读入一行字符串。

nextInt()：读入下一个整数。

nextFloat()、nextDouble()：将输入信息按浮点数读取。

hasNext()：测试输入流中是否还有数据。

**3．格式化输出**

Java 也允许像 C 语言那样直接用 printf 方法来格式化输出。printf 方法的基本形式是：

printf(格式说明符,对象列表)

其中，常用的格式说明符有：%d（整数）、%f（浮点数）、%s（字符串）、%c（Unicode字符）等。例如：

**例 6-7**　格式化输入输出。

```java
package com.cqcet.java.chap06;
import java.util.*;
public class Exam6_7 {
    public static void main(String[] args) {
        String name;
        double score;
        Scanner sc = new Scanner(System.in);
        System.out.print("请输入姓名：");
        name = sc.next();
        System.out.print("请输入成绩：");
        score = sc.nextFloat();
        System.out.printf("姓名：%s,成绩：%4.1f\n", name, score);
    }
}
```

**4．对象序列化**

对象序列化就是将对象的状态转换成二进制数据流的过程。如果一个类的对象要实现序列化，则对象所在的类必须实现 Serializable 接口。该接口没有任何需要实现的方法，只是作为一个标识，表示本类的对象具备了序列化的能力。

如果要想完成对象的序列化，则还要依靠 ObjectOutputStream 类和 ObjectInputStream 类，前者属于序列化操作，后者属于反序列化操作。

（1）ObjectOutputStream 类

ObjectOutputStream 将 Java 对象的基本数据类型和图形写入 OutputStream。可以使用 ObjectInputStream 读取（重构）对象。通过在流中使用文件可以实现对象的持久存储。只能将支持 java.io.Serializable 接口的对象写入流中。每个 serializable 对象的类都被编码，编码内容包括类名和类签名、对象的字段值和数组值，以及从初始对象中引用的其他所有对象的闭包。

ObjectOutputStream 类的构造方法格式如下：

- ObjectOutputStream()：为完全重新实现 ObjectOutputStream 的子类提供一种方法，让它不必分配仅由 ObjectOutputStream 的实现使用的私有数据。

- ObjectOutputStream(OutputStream out)：创建写入指定 OutputStream 的 ObjectOutput-Stream。

将对象封装到 ObjectOutputStream 类，调用该类的 writeObject 方法可完成对象的序列化，并将其发送给 OutputStream。

writeObject 方法的格式为：

```
public final void writeObject(Object obj)   throws   IOException
```

当 OutputStream 中出现问题或者遇到不应序列化的类时，将抛出异常。

所有对象（包括 String 和数组）都可以通过 writeObject 写入，可将多个对象或基元写入流中。必须使用与写入对象时相同的类型和顺序从相应 ObjectInputstream 中读回对象。

（2）ObjectInputStream 类

ObjectInputStream 对以前使用 ObjectOutputStream 写入的基本数据和对象进行反序列化。ObjectOutputStream 和 ObjectInputStream 分别与 FileOutputStream 和 FileInputStream 一起使用时，可以为应用程序提供对对象图形的持久性存储。只有支持 java.io.Serializable 或 java.io.Externalizable 接口的对象才能从流读取。

默认情况下，对象的反序列化机制会将每个字段的内容还原为写入时它所具有的值和类型。反序列化进程将忽略声明为瞬态或静态的字段。到其他对象的引用使得根据需要从流中读取这些对象。使用引用共享机制能够正确地还原对象的图形。反序列化时始终分配新对象，这样可以避免现有对象被重写。

读取对象类似于运行新对象的构造方法。为对象分配内存并将其初始化为零（NULL）。为不可序列化类调用无参数构造方法，然后从以最接近 java.lang.Object 的可序列化类开始和以对象的最特定类结束的流还原可序列化类的字段。

ObjectInputStream 类的构造方法格式如下：

- ObjectInputStream()：为完全重新实现 ObjectInputStream 的子类提供一种方式，让它不必分配仅由 ObjectInputStream 的实现使用的私有数据。

- ObjectInputStream(InputStream in)：创建从指定 InputStream 读取的 ObjectInputStream。

将一个 InputStream 封装到 ObjectInputStream 内，然后调用 readObject 方法，就可以完成对象的反序列化操作，相当于重构一个对象。

readObject 方法的语法格式为：

```
public final Object readObject() throws IOException,ClassNotFoundException
```

readObject 方法用于从流读取对象。应该使用 Java 的安全强制转换来获取所需的类型。在 Java 中，字符串和数组都是对象，所以在序列化期间将其视为对象。读取时，需要将其强制转换为期望的类型。

**例 6-8**　对象序列化和反序列化。

```
package com.cqcet.java.chap06;
import java.io.*;
```

```
class Person implements Serializable {    //声明可序列化类
    private String name;
    private int age;
    public Person(String name, int age) {
        this.name = name;
        this.age = age;
    }
    public String toString() {
        return "姓名： " + this.name + "，年龄： " + this.age;
    }
}
public class Exam6_8 {
    public static void main(String[] args) throws Exception {
        File file = new File("e:" + File.separator + "person.ser");
        //ObjectOutputStream 类的序列化操作
        ObjectOutputStream oos = new ObjectOutputStream(new FileOutputStream(file));
        Person per = new Person("张三", 30);
        oos.writeObject(per);
        oos.close();
        //ObjectInputStream 类的反序列化操作
        ObjectInputStream ois = new ObjectInputStream(new FileInputStream(file));
        Object obj = ois.readObject();
        Person per1 = (Person) obj;
        System.out.println(per1);
    }
}
```

在序列化的过程中，如果不想对某些属性进行序列化，只需在声明这些属性时给它加上 transient 关键字即可。如上例中不希望 age 序列化，则可以改写成：private transient int age;这时对应的属性将不会被序列化，程序运行后，该属性对应的值为默认值 NULL 或 0。

### 6.3.5 应用实践

既然可以将一个对象进行序列化，那么能否对多个对象一起进行序列化操作呢？因为 Object 类可以接收任意的引用数据类型，如数组。那么一样也可以实现多个对象的序列化操作。将例 6-8 修改为实现同时操作多人数据的程序。

# 任务小结

1．在 Java 中所有的 I/O 操作都定义在 java.io 包中。

2．File 类表示与平台无关的文件操作，只负责文件的本身，而不负责文件的内容。

3．OutputStream 和 InputStream 是字节的输出、输入流，通过 FileOutputStream 和 FileInputStream 实例化，完成相应的操作。

4．Writer 和 Reader 是字符的输出、输入流，通过 FileWriter 和 FileReader 实例化，完成相应的操作。

5．字节流是直接操作文件本身的，而字符流是需要通过缓存操作文件本身。

6．在进行对象序列化时，一个对象流只能包含对象的一个副本，但它可以包含对这个对象的任意数量的引用。

# 练习作业

1．编写一个程序，读取用户的输入内容，并将其输出到指定的文件中去。在指定的文件不存在的时候，程序并不创建该文件，而是直接结束；如果该文件存在，则是采用追加写的方式向文件中添加内容。

2．建立一个文本文件，输入一段短文，编写一个程序，显示文件中的内容。

3．编写一个程序，向文件中写入字符，并统计出写入字符的个数。

4．建立一个文本文件，输入学生 3 门课程的成绩，编写一个程序，读入这个文件中的数据，输出每门课的成绩的最小值、最大值和平均值。

5．通过 System.in.read 方法从键盘输入一行字符，然后将其写入文件中。如果用户输入的是"EXIT"字符序列，则终止程序的执行。

# 第七章 多线程编程

Java 语言的一大特性就是提供了优秀的多线程控制环境。多线程技术使得编程人员可以方便地开发出具有多线程功能、同时处理多个任务的功能强大的应用程序。合理地进行多线程程序设计，可以更加充分地利用各种计算机资源，提高程序的执行效率。

学习完本章节，您能够：

- 创建多线程程序
- 控制多线程程序

## 任务 7.1　创建多线程程序

### 7.1.1　情境描述

为了提高大家的工作积极性，人事部门觉得在工资管理系统中增加趣味模块，为大家业余时间提供娱乐，在规定的时间内猜数字，通过猜中数字个数的高低来进行排名，此游戏为大家提供了放松的空间。为了完成猜数字游戏的核心功能，需要完成以下任务：

（1）多线程编程。

（2）Java 网络编程技术。

### 7.1.2　情景分析

猜数字游戏主要是通过服务器随机产生一个数，客户端用户通过猜一个数字，通过提示用户猜的数的大小给出猜得过大或者过小提醒用户，用户根据提醒再次猜新的数，最终达到猜中的目的。在给定的时间内，猜的数字个数越多，积分越高，本程序主要负责完成猜字核心功能，猜字的积分记录及时间控制问题，在此不涉及。

猜字游戏所需的技术主要包含 java 多线程技术及 socket 套接字编程两块。

### 7.1.3　解决方案

（1）新建项目 Task7_1。

（2）创建包 com.esms.thread 包。

（3）在 com.esms.thread 包下创建类 ServerApp，负责服务端程序。代码如下：

```java
package com.esms.thread;

import java.io.*;
import java.net.*;

/*
 * 猜数字服务端
```

```
 *    @author 李法平
 */
public class ServerApp {
    static final int PORT = 9000;
    private ServerSocket serverSocket;
    private Socket socket;
    private BufferedReader netIn;
    private PrintWriter netOut;

    public ServerApp() throws IOException {
        serverSocket = new ServerSocket(PORT);
        System.out.println("server start");
        while (true) {
            //等待连接
            socket = serverSocket.accept();
            ServerThread st = new ServerThread(socket);
            new Thread(st).start();
        }
    }

    /**
     * 服务端线程控制
     *
     * @author 李法平
     *
     */
    class ServerThread implements Runnable {
        private Socket socket;
        private int randomNumber;
        private int clientGuessNumber;

        public ServerThread(Socket s) throws IOException {
            socket = s;
            netIn = new BufferedReader(new InputStreamReader(
                    socket.getInputStream()));
            netOut = new PrintWriter(socket.getOutputStream());
        }

        /**
         * 运行服务
         */
        public void run() {
            System.out.println("client" + socket.getInetAddress()
                    + " is connect");
            randomNumber = (int) (Math.random() * 100);
            System.out.println("random number is:" + randomNumber);
```

```java
            try {
                clientGuessNumber = Integer.parseInt(netIn.readLine());
                System.out.println("client guess number is:"
                        + clientGuessNumber);
                for (int i = 3; i > 0; i--) {
                    if (clientGuessNumber == randomNumber) {
                        netOut.println("OK，恭喜，猜对了");
                        ClientApp.finished = true;
                    } else if (clientGuessNumber < randomNumber) {
                        netOut.println("您猜的数小了，您还有" + (i - 1) + "次机会");
                        ClientApp.finished = false;
                    } else if (clientGuessNumber > randomNumber) {
                        netOut.println("您猜的数大了，您还有" + (i - 1) + "次机会");
                        ClientApp.finished = false;
                    }
                    netOut.flush();
                    if (!ClientApp.finished) {
                        clientGuessNumber = Integer.parseInt(netIn.readLine());
                    } else {
                        break;
                    }
                }
                if (!ClientApp.finished) {
                    netOut.println("OK，您没有机会了，游戏结束");
                }
                ClientApp.finished = true;
            } catch (IOException e) {
            } finally {
                try {
                    netOut.close();
                    netIn.close();
                    socket.close();
                } catch (IOException ee) {
                }
            }
        }
    }
    /**
     * 开启服务端
     *
     * @param args
     * @throws IOException
     */
    public static void main(String[] args) throws IOException {
        new ServerApp();
    }
}
```

（4）编写客户端用户猜字程序 ClientApp.java。

```java
package com.esms.thread;
import java.io.*;
import java.net.*;

public class ClientApp {
    private Socket socket;
    private BufferedReader netIn;
    private PrintWriter netOut;
    private BufferedReader keyboardIn;
    public static Boolean finished = false;
    public ClientApp() throws IOException {
        System.out.println("请输入服务器地址，连接本地服务器请输入 localhost");
        keyboardIn = new BufferedReader(new InputStreamReader(System.in));
        try {
            if (keyboardIn.readLine().equalsIgnoreCase("localhost")) {
                socket = new Socket(InetAddress.getLocalHost(), ServerApp.PORT);
            } else {
                socket = new Socket(InetAddress.getByName(keyboardIn.readLine()), ServerApp.PORT);
            }
            netIn = new BufferedReader(new InputStreamReader(socket.getInputStream()));
            netOut = new PrintWriter(socket.getOutputStream());
        } catch (UnknownHostException e) {
            System.err.println("连接不到服务器");
            System.exit(-1);
        }
        System.out.println("连接成功");
        while (!finished) {
            System.out.println("请输入 0－100 之间的数字");
            netOut.println(keyboardIn.readLine());
            netOut.flush();
            String str = netIn.readLine();
            if (str == null) {
                finished = true;
                break;
            }
            System.out.println(str);
            if (str.startsWith("OK")) {
                finished = true;
                break;
            }
        }
        netIn.close();
        netOut.close();
        keyboardIn.close();
        socket.close();
```

```
    }
    public static void main(String[] args) throws IOException {
        new ClientApp();
    }
}
```

（5）运行服务器端，运行结果如图 7-1 所示。

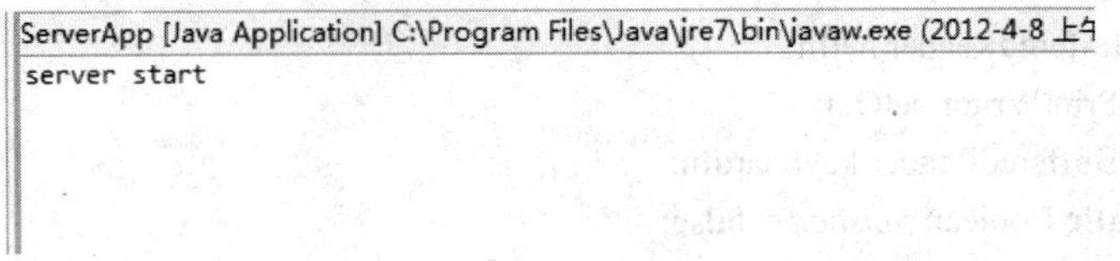

```
ServerApp [Java Application] C:\Program Files\Java\jre7\bin\javaw.exe (2012-4-8 上午
server start
```

图 7-1　猜字游戏服务器端

（6）运行客户端，进行猜字操作。

### 7.1.4　知识总结

#### 1. 多线程概念

程序是为了完成特定功能而编写的一组代码，程序是静态的。所谓的多任务指的是在操作系统中同时可运行多个程序，进程是程序的一次执行过程，是多任务系统中进行调度资源分配的一个基本单位，每个启动的程序都对应着一个进程。一个程序从开始运行到运行结束，对应着一个进程的创建和消亡，进程是一个动态的概念，每个进程都有其生命周期。

线程是比进程更小的执行单位。一个进程在其执行过程中可以产生多个线程，形成多条执行线索。从运行角度看，每个线程也有其产生、存在和消亡的过程，也是一个动态的概念。从线程的编码看，一个线程有它自己的入口和出口，它是一个程序的可顺序执行的代码序列，是一段完成特定功能的代码序列，是一个程序内部的控制流。

多任务和多线程是两个不同的概念，多任务是指多进程，是指一个操作系统可以同时运行多个程序，即启动多个进程；而多线程是指一个程序中可以同时运行多个不同的线程来执行不同的任务，每个线程都是该程序内部的一个可执行代码序列。

多线程的主要优点如下：

（1）将程序的独立任务划分在多线程中，通常要比在单个程序中完成全部任务容易。

（2）CPU 不会因等待资源而浪费时间。

（3）从用户的观点看，单处理器上的多线程提供了更快的性能。

#### 2. Java 多线程技术

Java 语言中定义的线程同样包括一个内存入口点地址、一个内存出口点地址以及能够顺序执行的代码序列，可以说线程就是程序内部的具有并发性的顺序代码流。Java 语言中，线程通过 java.lang.Thread 类来实现，在该类中封装了虚拟的 CPU 来进行线程操作控制。在设计程序时，必须很清楚地区分开线程对象和执行线程。执行线程是正在执行的一段子程序，而线程对象里有很多方法来控制一个线程是否允许、睡眠、阻塞或停止。一个 Java 程序启动后，就已经有一个线程在运行，可以通过调用 Thread.currentThread() 来查看当前运行的是哪个线程。

## 3．线程的创建

线程的所有活动都是通过线程体 run()方法来实现的。在一个线程被建立并初始化以后，Java 的运行时系统就自动调用 run()方法，所以实现线程的核心就是实现 run()方法。在 Java 中通过 run 方法为线程指明要完成的任务，有两种技术来为线程提供 run 方法。一种是通过继承 Thread 类并覆盖 run()方法，另一种就是实现 Runnable 接口类进而实现 run()方法。

（1）通过继承 Thread 类创建线程

Thread 是 java.lang 包中的一个专门用来创建线程并对线程进行操作的类。Thread 类提供了多个构造方法，为更灵活地创建并初始化线程对象提供了保证，同时，Thread 类还定义了一系列属性和方法，用来控制线程对象的运行。

1）Thread 类的构造方法
- public Thread()
- public Thread(Runnable target)
- public Thread(Runnable target,String name)
- public Thread(String name)
- public Thread(ThreadGroup group,String name)
- public Thread(ThreadGroup group,Runnable target)
- public Thread(ThreadGroup group,Runnable target,String name)

其中，group 指明线程所属的线程组；target 是用来执行线程体的目标对象，它必须是实现接口 Runnable 的类的对象，即实现了线程体 run()方法的类的对象；name 为线程名，Java 中每个线程都有自己的名称，允许为线程指定名称。这三个入口参数都可以省去，但 ThreadGroup group 参数不能单独存在。

2）Thread 类常用的方法：
- public void start()：启动线程。
- public void run()：基础 Runnable 接口的空方法，线程体。
- public void static void sleep(int millsecond)：使线程体休眠。
- public static Thread currentThread()：返回当前正在运行线程对象的引用。
- public final int getName()：返回线程名。
- public final int getPriority()：返回线程优先级。
- public static int activeCount()：返回当前线程组中活动线程的个数。

由于 Thread 类已经实现了 Runnable 接口并把 run()方法实现为空方法，所以可以在定义 Thread 类的子类时，在子类中覆盖 run()方法并在该方法中编写线程操作的代码，那么 Thread 类的对象就是线程对象，在程序中创建该子类的对象实例就是创建线程对象。

创建线程对象后调用 start()方法启动线程，当线程对象被调用时，Java 运行时系统自动执行 run()方法运行线程。

3）多线程的实现步骤：

①将需要实现多线程的类声明为继承 Thread 类，覆盖其 run()方法，并将线程体放在该方法里。

```
class MyThread extends Thread{
    public void run(){
```

```
        //线程体
    }
}
```

②创建一个该类的实例。

```
Thread t=new MyThread();
```

③启动该实例。通过 start()方法启动线程的执行，start()方法是在 Thread 类中声明的。

```
t.start();
```

**（2）通过 Runnable 接口创建线程**

直接继承 Thread 类创建线程的方法，特点是编写简单，可以直接操纵线程。但如果一个类已经继承了其他的类，而又想成为线程该怎么办呢？Java 不支持多重继承，但支持接口的概念，因此可以利用接口的特性解决多重继承的情况。

Java 接口只有一个抽象 run()方法，声明如下：

```
public void run();
```

实现多线程的另一种方式是通过向 Thread 类构造方法传递一个实现了 Runnable 接口的对象。Thread 类有多个构造方法，其中就有可以接收 Runnable 参数的构造方法。

实现了 Runnable 接口的类中的 run()方法成为线程开始运行时调用的方法，与从 Thread 类派生的线程一样，run()方法实现了控制线程的语句。

通过 Runnable 接口创建线程的基本步骤如下：

①将需要实现多线程的类声明为实现 Runnable 接口的类，实现 run()方法，并将线程体放在该方法里。

```
class MyRunnable implements Runnable{
    public void run(){
        //线程体
    }
}
```

②创建一个该类的实例。

```
MyRunnable r=new MyRunnable();
```

③从该实例中创建一个 Thread 实例。

```
Thread t=new Thread(r);
```

④启动该 Thread 的实例。

```
t.start();
```

实现接口 Runnable 的类仍然可以继承其他父类。例如：

```
class MyRunnable extends Object implements Runnable{
    public void run(){
        //线程体
    }
}
```

**4．两种实现方法的比较**

前面提到的两种创建线程的方法在本质上是相同的，因为 Thread 类是 Runnable 接口的一个实现，通过继承 Thread 类创建多线程，实质上是间接地实现了 Runnable 接口。

### 7.1.5 应用实践

通过 Runnable 接口创建线程对象时必须向 Thread 类的构造参数传递一个实现 Runnable 接口类的实例，该实例成为所创建线程的目标对象，当线程调用 start()方法后，一旦轮到它来享用 CPU 资源，目标对象就会自动调用 start()方法，回调 run()方法，这一过程是自动实现的，用户程序只需让线程调用 start()方法即可。

模拟银行中的会计和出纳。两个线程：accounting 和 cashier，使用同一个目标对象，共享目标对象 money。当 money 值小于 150 时，线程 accounting 结束自己的 run()方法进入死亡状态；当 money 值小于 0 时，线程 cashier 结束自己的 run()方法进入死亡状态。

# 任务 7.2 多线程程序的同步

### 7.2.1 情境描述

在多线程应用中，多个线程的运行往往存在竞争资源的问题，竞争过程中时常存在冲突，为了解决冲突，采取多线程的同步机制解决问题，生产者与消费者问题是一种典型的同步控制的例子，为了完成线程同步，需要完成以下任务：

（1）方法同步机制。

（2）多线程编程技术。

### 7.2.2 问题分析

生产者与消费者问题在于他们共享同一资源，当生产者在生产过程中，消费者无法获取资源，因此，生产者锁定了资源的访问。消费者消费资源时，生产者停止生产。Java 语言采取 synchronized 关键字实现同步控制。

### 7.2.3 解决方案

（1）新建项目 Task7_2。

（2）在 com.esms.thread 包下建立 BufferLock 类，用于共享资源的同步互斥操作。代码如下：

```
package com.esms.thread;
/**
 * 互斥缓冲区
 * @author
 *
 */
public class BufferLock {
    private int value;                      //共享变量
    private boolean isEmpty=true;           //value 是否为空的信号量
        public synchronized void put(int i)  //同步方法
    {
        while (!isEmpty)                    //当 value 不空时，等待
            try
```

```
            {
                this.wait();                    //使调用该方法的当前线程等待，即阻塞自己
            }
            catch(InterruptedException e) {}
                value = i;                      //当 value 空时，value 获得值
        isEmpty = false;                        //设置 value 为不空状态
        notifyAll();                            //唤醒其他所有等待线程
    }

    public synchronized int get()               //同步方法
    {
        while (isEmpty)                          //当 value 空时，等待
            try
            {
                this.wait();
            }
            catch(InterruptedException e) {}
        isEmpty = true;                          //设置 value 为空状态，并返回值
        notifyAll();                             //唤醒其他所有等待线程
        return value;
    }
}
```

（3）在 com.esms.thread 下建立生产者 Producer 类，实现生产者生产资源，代码如下：

```
package com.esms.thread;
public class Producer extends Thread {
    private BufferLock buffer;
    public Producer(BufferLock buffer) {
        this.buffer = buffer;
    }
    public void run() {
        for (int i = 1; i <= 20; i++)   //生产者往缓冲区中写入数 1~20
        {
            buffer.put(i);
            System.out.println(Thread.currentThread().getName()
                    + " Producer    put : " + i);
        }
    }
}
```

（4）在 com.esms.thread 下建立消费者 Consumer 类，实现消费者消费资源，代码如下：

```
package com.esms.thread;
/**
 * 消费者
 * @author Administrator
 *
 */
public class Consumer extends Thread {
    private BufferLock buffer;
```

```
            public Consumer(BufferLock buffer)
        {
            this.buffer = buffer ;
        }
            public void run()
        {
            for (int i=1; i<=20; i++)          //消费者从缓冲区中取数
                System.out.println("\t\t\t"+Thread.currentThread().getName()+" Consumer get : "+buffer.get());
        }
        public static void main (String args[])
        {
            BufferLock buffer = new BufferLock();
            (new Producer(buffer)).start();        //构造两个生产者线程和两个消费者线程
            (new Consumer(buffer)).start();
            (new Producer(buffer)).start();
            (new Consumer(buffer)).start();
        }
}
```

（5）运行程序，测试生产者与消费者同步，如图 7-2 所示。

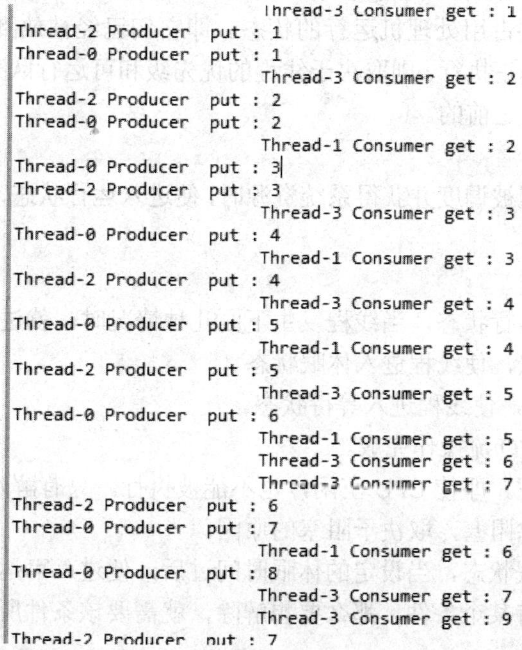

```
                        Thread-3 Consumer get : 1
Thread-2 Producer  put : 1
Thread-0 Producer  put : 1
                        Thread-3 Consumer get : 2
Thread-2 Producer  put : 2
Thread-0 Producer  put : 2
                        Thread-1 Consumer get : 2
Thread-0 Producer  put : 3
Thread-2 Producer  put : 3
                        Thread-3 Consumer get : 3
Thread-0 Producer  put : 4
                        Thread-1 Consumer get : 3
Thread-2 Producer  put : 4
                        Thread-3 Consumer get : 4
Thread-0 Producer  put : 5
                        Thread-1 Consumer get : 4
Thread-2 Producer  put : 5
                        Thread-3 Consumer get : 5
Thread-0 Producer  put : 6
                        Thread-1 Consumer get : 5
                        Thread-3 Consumer get : 6
                        Thread-3 Consumer get : 7
Thread-2 Producer  put : 6
Thread-0 Producer  put : 7
                        Thread-1 Consumer get : 6
Thread-0 Producer  put : 8
                        Thread-3 Consumer get : 7
                        Thread-3 Consumer get : 9
Thread-2 Producer  put : 7
```

图 7-2  运行结果图

## 7.2.4  知识总结

### 1. 线程的生命周期

一个线程从它创建到消亡的生命周期大致可分为 5 个状态：新建状态、可运行状态、运行状态、阻塞状态、消亡状态。它们之间的状态关系如图 7-3 所示。

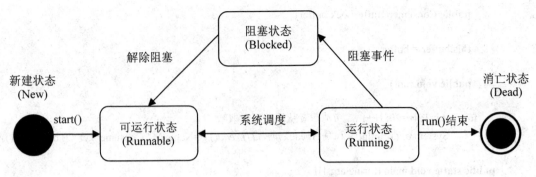

图 7-3　线程的生命周期

（1）新建状态

当用 new 操作符创建一个新的线程对象时，该线程处于新建状态。这是一个空的线程对象，系统不为它分配系统资源。如以下语句使线程处于新建状态：

Thread myThread=new MyThread();

（2）可运行状态

可运行状态也叫就绪状态，当一个被创建了的线程，调用了 start()方法后便进入该状态。其对应的语句格式是：

myThread.start();　　//产生所需系统资源

此时该线程处于准备占用处理机运行的状态。即它们已经被放到就绪队列中等待执行。至于该线程何时才能被真正执行，则取决于线程的优先级和可运行队列的当前状况。它并不是执行状态，是在开始运行之前的。

（3）运行状态

当可运行状态的线程被调度并获得系统资源时，便进入运行状态，这时开始顺序执行 run()方法的每一条语句。

（4）阻塞状态

阻塞状态也叫不可运行状态，当线程发生下面几种情况时，就进入阻塞状态：

①调用了 sleep()方法，使线程进入休眠状态。

②调用了 wait()方法，使线程进入等待状态。

③线程在等候某个 I/O 流操作完成。

处于阻塞状态的线程，即使 CPU 空闲，也不能被执行。只有解除阻塞后，线程才进入可运行状态。至于怎样解除阻塞，取决于阻塞的原因。

①如果线程处于休眠状态，当设定的休眠时间过后，便进入可运行状态。

②如果线程正在等待某个条件，那么要想解除，就需要该条件所在的对象调用 notify()或notifyAll()方法。

③如果线程因为 I/O 而阻塞，当 I/O 操作结束后，阻塞的线程就回到可运行状态。

（5）消亡状态

消亡状态也叫终止状态或停止状态，处于消亡状态的线程不能够再继续执行。线程的终止分为两种方式：一种是自然消亡，即从线程的 run()方法正常退出；另一种是线程被强制性终止，如调用 Thread 类的 destroy()或 stop()命令终止线程。

## 2. 线程的优先级

存在多个线程时，可以通过设置线程的优先级来决定哪个线程能够得到更多的执行机会。Java 运行时环境支持固定优先级调度策略，即按照线程的优先级高低选择优先级高的可运行线程执行。

每个 Java 线程的优先级是 1~10 之间的正整数。1 代表最小的优先级，10 代表最大优先级。线程的默认优先级是 5。

新创建的线程从创建它的线程继承优先级。创建后的线程可以使用 setPriority()方法随时修改线程的优先级。用 getPriority()方法返回线程的优先级。这样就可以根据任务的重要级别来设置不同的优先级，确保重要的任务先执行。

Java 运行时环境的线程调度是抢占式调度，即如果在当前线程执行过程中，一个更高优先级的线程进入可运行状态，则这个线程立即被调度执行。

## 3. 线程的同步控制

### （1）同步控制与互斥锁

在 Java 多线程并发执行的情况下，线程共享系统资源保护问题就成为多线程应用程序设计过程中的敏感问题。共享资源时多个用户线程均有机会和能力去访问和修改的变量和对象实例等，在银行、通信等应用领域，如果没有共享资源的合理保护措施，这些资源的稳定性、安全性就受到质疑。在多线程执行过程中均需要打印机等，系统资源也存在共享管理问题，以避免多个线程为争夺同一个资源的使用而导致线程死锁。

Java 语言中，为了保证线程对共享资源操作的完整性，用关键字 synchronized 为共享资源加锁来解决。此锁使线程对共享资源操作是互斥的，称为互斥锁。每个共享资源对象都有一个互斥锁的标记，保证任一时刻只有一个线程访问该对象。当一个线程执行完毕时放弃共享资源的使用权，以便其他线程继续使用。

Java 语言中，关键字 synchronized 的运用在其中起着重要的作用。它相当于给共享对象的成员方法加上一把锁，通过调用来执行单一线程，其他线程则不能同时调用同一对象。语法格式有：

①加在代码段前限制代码，如：

```
public void push(char c){
    synchronized(this){ //代码段
        data[index]=c;
        Index,
    }
}
```

②放在方法声明中修饰方法，以后该方法就只允许单线程调用了。如：

```
public synchronized void push(char c){
    ……
}
```

③若用在类声明中，该类中所有方法都是互斥资源。

在 Java 中，通过 wait()方法和 notify()方法（或 notifyAll()方法）来实现线程间的相互协调。wait()方法可以使线程释放锁标志进入等待状态；当其他线程释放资源时，会调用 notify()方法或 notifyAll()方法唤醒等待队列中的线程，使其获得资源恢复执行。这些方法在 java.lang.Object 中定义，所有类都继承了这些方法。但这些方法仅能在 synchronized 修饰的方法或代码块中使用。

（2）生产者与消费者

系统中某一资源的线程称为消费者线程，产生同一资源的线程称为生产者线程。例如，在一个 Java 的应用程序中，生产者线程向文件中写入数据，消费者线程从文件中读取数据，这样，在这个程序中同时运行的两个线程共享同一个文件资源。

例如有一个简单的例子，生产者产生从 0～9 的整数，将它们存储在某个对象的成员变量 contents 中，并打印出产生的数据。然后调用 sleep()方法使生产者线程在一定时间内休眠。消费者线程则不断地从对象中读取这些整数。

这个例子中生产者和消费者通过指定对象共享数据。不能保证的是生产者产生一个数，消费者就获得这个数，并且只获得一次。有可能出现的情况是：

第一种情况是生产者如果比消费者快，那么在消费者来不及取前一个数据之前，生产者又有了新数据。于是，消费者很有可能跳过前一个数据，直接读取了新的数据。

第二种情况是，当消费者比生产者快时，消费者可能两次取同一个数据。

为了避免这种情况发生，必须使生产者线程存储数据和消费者线程读取数据同步起来，两个线程需要在以下两个方面进行同步：

两个线程不能同时访问存储数据的对象。两个线程可以通过加锁机制防止这种情况发生。

两个线程必须相互协作，生产者生产数据以后，要告诉消费者数据已准备好，可以取数据，生产者等待消费者取走数据。消费者取走数据后，要告诉生产者已取走数据，可以生产新数据。这需要调用 wait()、notify()和 notifyAll()方法来实现。

加入 wait 和 notify 后的线程的生命周期状态图如图 7-4 所示。

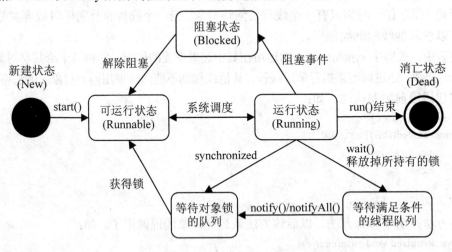

图 7-4　加入 wait 和 notify 的线程状态图

（3）死锁问题

允许多个线程并发访问共享资源时，必须提供同步机制，然而对这种机制使用不当的话，可能会出现线程永远被阻塞的现象，当两个或多个线程等待一个不可能满足的条件时就发生死锁。

Java 语言本身既不能发现死锁，也不能预防死锁，只能靠程序员谨慎的设计来避免。一般来说，如果线程因为等待某个先决条件而受阻，它应该释放所占的资源，让其他线程使用。

当先决条件满足而恢复运行时，再重新获得这些资源。避免死锁的有效方法是，如果多个资源需要竞争访问，应该确定线程访问资源的顺序，并且以相反的顺序释放资源。

### 7.2.5 应用实践

编写一个 Java 应用程序，模拟银行系统对用户存款和取款的处理过程。假设存款人和取款人在同一时间对同一账户进行操作。账户原有余额是 1000，存款人存入 500，与此同时，取款人取走 700，如果两人操作是相对独立的，那么存款人看到的账户余额是 1500，而取款人看到的账户余额是 300。显然，同一账户不可能同时具有不同的余额，银行系统必须保证同一时间内只有一个人可以对账户进行操作，这里需要使用线程的同步控制来实现。

## 任务小结

多任务是现代操作系统的一个特色，如一边浏览网络小说，一边在电脑上播放音乐。在同一时刻操作系统似乎有多个程序在同时运行，其实这主要是与操作系统中进程的运行调度相关。传统多任务的实现是采用多进程，而多线程现在使用更为广泛。

进程是操作系统中独立运行的应用程序，是操作系统分配资源的最小单位。而线程是一个应用程序同时执行的多个任务，它是最小的执行单位，只能在程序中执行。线程有它自己的生命周期：新建、可运行、运行、阻塞和消亡五个状态。在多线程的应用程序中，如果程序有多个线程共享同一资源，程序往往会出现一个逻辑上的错误，这时需要进行同步控制，使用 wait()、notify() 和 notifyAll() 方法实现。

与多线程处理有关的一种特殊情况就是死锁。死锁发生在两个线程或多个线程对一个同步对象有循环依赖关系时。Java 语言既不检测也不试图避免这种情况，死锁的避免完全由程序负责。

## 练习作业

1．创建一个多线程程序，该程序先后启动三个线程，每个线程首先打印出一条线程创建信息，然后休眠一个随机时间，最后打印出线程结束信息退出。

2．在一个线程中求 100 以内的素数，求出一个素数后休眠一个随机时间。在另一个线程中求水仙花数，求出一个水仙花数后也休眠一个随机时间。输出数据应有提示，指明是哪个线程输出的数据。

3．在一个对象中含有一个数组成员变量。该数组可以存放 5 个数组元素。现有 2 个线程，一个线程将 26 个英文字母存入数组中，另一个线程从数组中取出 26 个英文字母。请实现这两个线程。

4．创建多线程数字时钟应用程序。一个线程在一个无限 while 循环中计时，另一个线程则负责每秒刷新一次屏幕。

5．编写 3 个线程，第 1 个线程给某个对象里的整型变量赋初值，第 2 个线程给初值加 10，第 3 个线程给变量清 0。要求这 3 个线程严格按照赋初值、加 10、清 0 顺序执行，使用线程同步控制实现。

# 第八章 Java 的 GUI 可视界面编程

可视化界面是计算机用户与计算机系统交互的接口，是一个程序必不可少的部分，可视化界面的功能是否完善、使用是否方便，直接影响着用户对应用软件的使用。Java 语言是一种跨平台的编程语言，在编写图形用户界面方面，也要支持跨平台功能。为此，Java 提供了强大而丰富的图形界面开发包。

学习完本章节，您能够：

- 认识 Java 的 GUI 界面
- 使用 Swing 组件进行布局
- 进行事件处理

## 任务 8.1 创建窗体

### 8.1.1 情境描述

随着计算机的发展，字符界面已经无法满足用户的实际需求，针对企业工资管理而言，图形化、可视化的操作已是信息管理软件开发的主流。如何将现有的工资管理系统移植到窗体图形界面中成为 Tom 需要考虑的首要问题，针对系统的主菜单程序进行图形化操作，他需要完成以下任务：

（1）利用 Java 创建窗体对象。

（2）在窗体上绘制组建。

（3）在窗体上添加菜单。

### 8.1.2 情景分析

现有代码的工资管理系统主界面主要是采取命令行界面输出而来，命令行界面的缺点在于人机交互能力不强，所有的操作都必须通过键盘完成，用户操作难度大。Java 提供 AWT 及 Swing 组件，有效地解决了图形化界面的设计问题，swing 组件提供的 JFrame、JMenu 等组件，能够有效地解决用户所需。

### 8.1.3 解决方案

（1）新建任务 Task8_1。

（2）新建包 com.esms.view。

（3）新建环境参数控制类，代码如 CSettings.java。

```
package com.esms.view;
import java.awt.*;
import java.awt.event.*;
```

```java
import javax.swing.*;
import java.util.*;
public class CSettings
{

    public JLabel setJLabel(JLabel lbl, int sLeft, int sTop, int sWidth, int sHeight, boolean setBool)
    {
        lbl.setBounds(sLeft,sTop,sWidth, sHeight);
        lbl.setFont(new Font("Dialog",Font.PLAIN,12));
        if(setBool == true){lbl.setForeground(new Color(166,0,0));}
        else{lbl.setForeground(java.awt.Color.BLACK);}
        return lbl;
    }//Set-up in JLabel
    public JTextField setJTextField(JTextField txtfield, int sLeft, int sTop, int sWidth, int sHeight)
    {
        txtfield.setBounds(sLeft,sTop,sWidth, sHeight);
        txtfield.setFont(new Font("Dialog",Font.PLAIN,12));
        txtfield.setSelectionColor(new Color(200,150,150));
        txtfield.setSelectedTextColor(new Color(0,0,0));
        return txtfield;
    }//Set-up in JTextField


    public JMenu setJMenu(JMenu menu)
    {
        menu.setFont(new Font("Dialog", Font.BOLD, 12));
        menu.setCursor(new Cursor(Cursor.HAND_CURSOR));
        menu.setForeground(new Color(0,0,0));
        return menu;
    }//Create a Menu
    public JMenuItem setJMenuItem(JMenuItem mnuitem, String sCaption, String imgLocation)
    {
        mnuitem.setText(sCaption);
        mnuitem.setIcon(new ImageIcon(imgLocation));
        mnuitem.setCursor(new Cursor(Cursor.HAND_CURSOR));
        mnuitem.setFont(new Font("Dialog", Font.PLAIN, 12));
        mnuitem.setForeground(new Color(0,0,0));
        return        mnuitem;
    }//Create a MenuItem
    public JTabbedPane setJTabbedPane(JTabbedPane setTabbed, String setTitle, String setIcon,
            JPanel setPanel, int sLeft, int sTop, int sWidth, int sHeight)
    {
        setTabbed.setBounds(sLeft,sTop,sWidth, sHeight);
        setTabbed.setCursor(new Cursor(Cursor.HAND_CURSOR));
        setTabbed.setFont(new Font("Dialog", Font.CENTER_BASELINE, 12));
        setTabbed.setForeground(new Color(166,0,0));
```

```
            setTabbed.addTab(setTitle, new ImageIcon(setIcon), setPanel);
            return setTabbed;
        }//Create a JTabbedPane
    public JButton CreateJToolbarButton(String srcToolTipText,String srcImageLocation,
            String srcActionCommand, ActionListener JToolBarActionListener)
    {
            JButton bttnToolbar = new JButton(new ImageIcon(srcImageLocation));

            bttnToolbar.setActionCommand(srcActionCommand);
            bttnToolbar.setToolTipText(srcToolTipText);
            bttnToolbar.setCursor(new Cursor(Cursor.HAND_CURSOR));
            bttnToolbar.setFont(new Font("Dialog", Font.PLAIN, 12));
            bttnToolbar.addActionListener(JToolBarActionListener);
            return bttnToolbar;
        }//Create JToolbarButton

    public void Numvalidator(JTextField txtField)
    {
            txtField.addKeyListener(new KeyAdapter() {
            public void keyTyped(KeyEvent e) {
              char c = e.getKeyChar();
              if (!(Character.isDigit(c) ||
                  (c == KeyEvent.VK_BACK_SPACE) ||
                  (c == KeyEvent.VK_DELETE))) {
               // getToolkit().beep();
                 e.consume();
               }
             }
          });
        }
}
```

（4）从 JFrame 类派生对象 FrameMain.java。代码如下：

```
package com.esms.view;
import javax.swing.JFrame;
/**
 * 主窗体对象
 * @author Administrator
 *
 */
public class FrameMain extends JFrame {
}
```

（5）在窗体中添加成员，代码如下：

```
    JDesktopPane desktop = new JDesktopPane(); //桌面面板
    String sMSGBOX_TITLE = "工资管理系统  V. 1.0"; //系统标题
    // Menu Bar Variables
    JMenuBar menubar = new JMenuBar(); //菜单
```

```
        JMenu menuFile = new JMenu("文件");
        JMenu menuEmployee = new JMenu("员工管理");
        JMenu menuUser = new JMenu("用户管理");
        JMenu menuSalary = new JMenu("工资管理");
        JMenu menuQuery = new JMenu("统计");
        JMenu menuHelp = new JMenu("帮助");
        //Menu Item
        JMenuItem itemExit = new JMenuItem();
        JMenuItem itemEmployeeAAdd = new JMenuItem();
        JMenuItem itemEmployeeAEdit = new JMenuItem();
        JMenuItem itemEmployeeADelete = new JMenuItem();
        JMenuItem itemEmployeeAQuery = new JMenuItem();
        JMenuItem itemEmployeeBAdd = new JMenuItem();
        JMenuItem itemEmployeeBEdit = new JMenuItem();
        JMenuItem itemEmployeeBDelete = new JMenuItem();
        JMenuItem itemEmployeeBQuery = new JMenuItem();
        JMenuItem itemEmployeeCAdd = new JMenuItem();
        JMenuItem itemEmployeeCEdit = new JMenuItem();
        JMenuItem itemEmployeeCDelete = new JMenuItem();
        JMenuItem itemEmployeeCQuery = new JMenuItem();
        JMenuItem itemUserAdd = new JMenuItem();
        JMenuItem itemUserEdit = new JMenuItem();
        JMenuItem itemUserDelete = new JMenuItem();
        JMenuItem itemUserQuery = new JMenuItem();
        JMenuItem itemSalaryA = new JMenuItem();
        JMenuItem itemSalaryB = new JMenuItem();
        JMenuItem itemSalaryC = new JMenuItem();
        JMenuItem itemUserSum = new JMenuItem();
        JMenuItem itemAuthor = new JMenuItem();
        JMenuItem itemHelp = new JMenuItem();
        //JPanel
        JPanel panel_Bottom = new JPanel();
        JPanel panel_Top = new JPanel();
        CSettings settings = new CSettings ();
```

（6）在窗体构造函数中初始化组件并布局，代码如下：

```
public FrameMain(){
        super("工资管理系统 [版本 1.0]");
        desktop.setBackground(Color.WHITE);
        desktop.setAutoscrolls(true);
        desktop.setBorder(BorderFactory.createLoweredBevelBorder());
        desktop.setDragMode(JDesktopPane.OUTLINE_DRAG_MODE);
        getContentPane().add(panel_Top,BorderLayout.PAGE_START);
        getContentPane().add(desktop,BorderLayout.CENTER);
        getContentPane().add(panel_Bottom,BorderLayout.PAGE_END);
        setJMenuBar(CreateJMenuBar());
        //setDefaultCloseOperation(JFrame.DO_NOTHING_ON_CLOSE);
```

```
        setIconImage(new ImageIcon("images/Business.png").getImage());
        setSize(700,700);
        setLocation(2,2);
        this.setDefaultCloseOperation(JFrame.EXIT_ON_CLOSE);
        show();
    }

    protected JMenuBar CreateJMenuBar()
    {
            //creating Submenu
            //Menu File
            menuFile.add(settings.setJMenuItem(itemExit,"退出","images/exit.png"));
              //Menu Employee
            menuEmployee.add(settings.setJMenuItem(this.itemEmployeeAAdd,"添加 A 类员工",
                "images/employee.png"));
            menuEmployee.add(settings.setJMenuItem(this.itemEmployeeAEdit,"编辑 A 类员工",
                "images/edit.png"));
            menuEmployee.add(settings.setJMenuItem(this.itemEmployeeADelete,"删除 A 类员工",
                "images/delete.png"));
            menuEmployee.addSeparator();
            //Menu Employee
            menuEmployee.add(settings.setJMenuItem(this.itemEmployeeBAdd,"添加 B 类员工",
                "images/employee.png"));
            menuEmployee.add(settings.setJMenuItem(this.itemEmployeeBEdit,"编辑 B 类员工",
                "images/edit.png"));
            menuEmployee.add(settings.setJMenuItem(this.itemEmployeeBDelete,"删除 B 类员工",
                "images/delete.png"));
            menuEmployee.addSeparator();
            menuEmployee.add(settings.setJMenuItem(this.itemEmployeeCAdd,"添加 C 类员工",
                "images/employee.png"));
            menuEmployee.add(settings.setJMenuItem(this.itemEmployeeCEdit,"编辑 C 类员工",
                "images/edit.png"));
            menuEmployee.add(settings.setJMenuItem(this.itemEmployeeCDelete,"删除 C 类员工",
                "images/delete.png"));
            //setting tool bar
            this.menuUser.add(settings.setJMenuItem(this.itemUserAdd,"添加 C 类员工",
                "images/employee.png"));
            menuUser.add(settings.setJMenuItem(this.itemUserEdit,"编辑 C 类员工","images/edit.png"));
            menuUser.add(settings.setJMenuItem(this.itemUserDelete,"删除 C 类员工","images/delete.png"));
            menuUser.addSeparator();
            this.menuSalary.add(settings.setJMenuItem(this.itemSalaryA,"计算 A 类员工工资",
                "images/employee.png"));
            menuSalary.add(settings.setJMenuItem(this.itemSalaryB,"计算 B 类员工工资","images/edit.png"));
            menuSalary.add(settings.setJMenuItem(this.itemSalaryC,"计算 C 类员工工资",
                "images/delete.png"));
            //setting Help
          menuHelp.add(settings.setJMenuItem(itemAuthor,"关于作者","images/xp.png"));
```

```
        menuHelp.add(settings.setJMenuItem(itemHelp,"帮助","images/help.png"));
        //adding menuitem to menubar
        menubar.add(settings.setJMenu(menuFile));
        menubar.add(settings.setJMenu(menuEmployee));
        menubar.add(settings.setJMenu(this.menuUser));
        menubar.add(settings.setJMenu(this.menuSalary));
        menubar.add(settings.setJMenu(this.menuQuery));
        menubar.add(settings.setJMenu(menuHelp));
        return menubar;
    }
```

（7）创建主函数测试主窗体效果。

```
public static void main(String []a){
    new FrameMain();
}
```

（8）运行结果如图 8-1 所示。

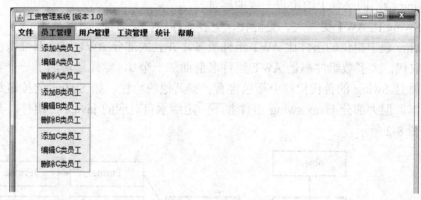

图 8-1　运行结果图

### 8.1.4　知识总结

#### 1. GUI 界面介绍

图形用户界面（Graphical User Interface，GUI）是借助菜单、按钮等标准界面元素和鼠标操作，帮助用户方便向计算机系统发出指令，启动操作，并将系统运行的结果同样以图形方式显示给用户。

Java 提供的图形用户界面包有两个，即 java.awt 包和 javax.swing 包。为了方便编程人员开发图形用户界面，Java 语言在其 JDK1.0 中就提供了功能比较完整的抽象窗口工具包（Abstract Windowing ToolKit，AWT）。AWT 处理用户界面元素的方法是把用户界面元素的创建和行为委托给目标平台上本地 GUI 工具进行处理。java.awt 包是 Java 中用来建立 GUI 类的主存储库，包含用于创建用户界面和绘制图形图像的所有类。它支持图形用户界面编程的功能，包括：用户界面组件；事件处理模型；图形和图像工具，包括形状、颜色和字体类；布局管理器，可以进行灵活的窗口布局而与特定窗口的尺寸和屏幕分辨率无关；数据传送类，可以通过本地平台的剪贴板来进行剪切和粘贴。

Swing 是在 AWT 的基础上构建的一套新的图形界面开发工具。提供了 AWT 所能够提供的所有功能，并用纯 Java 代码对 AWT 的功能进行了扩展，同时还提供了很多高层次的、复杂的组件，如 JTable、JList、JTree 等，以提高 GUI 的开发效率。

2. Swing

AWT 图形界面组件占用较多的资源，Swing 组件占用的系统资源较少，视觉上比 AWT 组件美观，由于 Swing 不依赖于任何本地代码，所以采用 Swing 编写的程序具有 100%的可移植性，不需要进行代码的任何改动即可运行于所有的平台。所以常把 AWT 组件称为重量级组件，Swing 组件被称为轻量级组件。所有的 Swing 组件都包含在以 javax 开头的 Java 扩展包 javax.swing 中。程序中用到了该包中的类，需要在源程序前面通过 import 语言引入对应的类库。如：

import java.swing.*;

Swing 组件具有如下特点：

- Swing 具有更丰富、更方便的用户界面元素。
- Swing 对底层平台依赖更少。
- Swing 给不同平台上的用户一致的感觉。

总之，Swing 比 AWT 更强大、更健壮、更容易移植、更方便使用。

javax.swing 包中提供的组件比 AWT 组件更多，并且大部分 AWT 组件都可以使用相应的 Swing 组件取代，大多数组件都是 AWT 组件名前面加一个 J，除此还增加了一个丰富的高层组件集合。而且 Swing 的替代构件中都包含有一些其他的特性，如 Swing 的按钮和标签可显示图标和文本。但大部分 javax.swing 组件并不一定继承自对应的 java.awt 组件。其组件间的继承关系如图 8-2 所示。

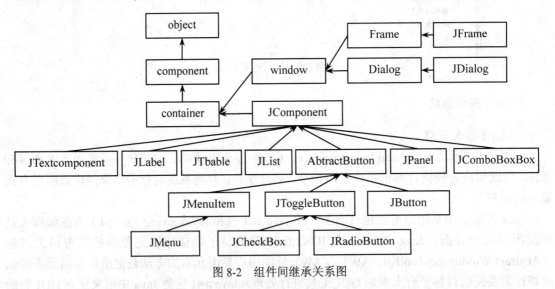

图 8-2    组件间继承关系图

3. JFrame

容器是一种能够容纳其他组件或容器的特殊组件。每个 GUI 应用程序必须至少包含一个顶层容器组件。在 Swing 中，能够作为顶层容器的有 JFrame、JWindow、JDialog、JApplet。本任务中只介绍其中的 JFrame。

窗体 JFrame 继承于 AWT 的 Frame 类，主要用于设计类似于 Windows 系统中的窗口形式的应用程序。它可以拥有标题、边框、菜单，而且允许调整大小，其外观依赖于所使用的操作系统。它是放置其他 Swing 组件的顶级容器或窗体。在 JFrame 上添加一个组件，调用 add() 方法后，组件将添加到内容窗格中，内容窗格是 JFrame 唯一的子容器。

使用 JFrame 的构造方法即可创建一个 JFrame 容器。JFrame 的构造方法如表 8-1 所示。

表 8-1　JFrame 构造方法

| 方法 | 用途 |
|---|---|
| JFrame() | 构造一个初始时不可见的新窗体 |
| JFrame(GraphicsConfiguration gc) | 以屏幕设备的指定 GraphicsConfiguration 和空白标题创建一个 Frame |
| JFrame(String title) | 创建一个新的、初始不可见的、具有指定标题的 Frame |
| JFrame(String title, GraphicsConfiguration gc) | 创建一个具有指定标题和指定屏幕设备的 GraphicsConfiguration 的 JFrame |

JFrame 的常用方法，如表 8-2 所示。

表 8-2　JFrame 的常用方法

| 方法 | 用途 |
|---|---|
| void setBounds(int a,int b,int width,int height) | 设置窗体在屏幕上时的初识位置（a,b），窗口的宽和高 |
| void setJMenuBar(JMenuBar menubar) | 设置此窗体的菜单栏 |
| void remove(Component comp) | 从该容器中移除指定组件 |
| void setSize(int width, int height) | 设置窗口的大小，在屏幕上默认位置是（0,0） |
| void setVisible(boolean b) | 设置窗口是可见还是不可见，默认为不可见 |
| void setDefaultCloseOperation(int operation) | 设置单击窗体右上角的关闭图标后，程序做出的处理 |
| Graphics getGraphics() | 为组件创建一个图形上下文 |
| void repaint(long time, int x, int y, int width, int height) | 在 time 毫秒内重绘此组件的指定矩形区域 |

其中，setDefaultCloseOperation(int operation)方法，可以选择以下的四个 JFrame 类变量之一作为参数。

- EXIT_ON_CLOSE 窗口被关闭时，退出程序。
- DISPOSE_ON_CLOSE 释放窗口对象，并继续运行程序。
- DO_NOTHING_ON_CLOSE 维持窗口不变，并继续运行程序。
- HIDE_ON_CLOSE 关闭窗口，并继续运行程序。

例 8-1　窗体的应用示例。

```
package com.cqcet.java.chap08;
import javax.swing.*;
public class Exam8_1 {
    public static void main(String[] args) {
        //窗体基本方法使用
        JFrame win = new JFrame("窗体示例");
        win.setLocation(20, 20);
```

```
            win.setSize(500, 200);
            win.setDefaultCloseOperation(JFrame.EXIT_ON_CLOSE);
            win.setVisible(true);
        }
}
```

程序运行结果如图 8-3 所示。

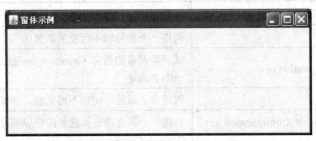

图 8-3　窗体程序结构

### 4. Swing 菜单

菜单是 GUI 中非常重要的一部分。它显示一个项目列表，指明用户可以执行的各项操作，当用户选择或单击它的某个选项时，会打开另外的一个列表或子菜单。每个菜单项都有一些关联的操作。Swing 菜单由菜单栏（JMenuBar）、菜单（JMenu）和菜单项（JMenuItem）构成。

JMenuBar 是 JMenu 和 JMenuItem 的父类，可以将 JMenu 和 JMenuItem 对象添加到 JMenuBar 上。它需要添加到 JWindow、JFrame 和 JInternalFrame 的容器中。它由多个 JMenu 组成，每个 JMenu 在 JMenuBar 中都表示为字符串。当单击相关文本字符串时，将在此字符串下弹出一个关联菜单，显示其菜单项。另外 JMenuBar 还有两个辅助类：SingleSelectionModel 和 LookAndFeel。SingleSelectionModel 类跟踪当前选定的菜单，LookAndFeel 类负责描绘菜单栏以及对其发生的事件做出响应。

JMenu 是一个包含 JMenuItem 的弹出窗口，用户选择 JMenuBar 上的项时会显示该 JMenuItem。JMenu 中可以包含的菜单项有 JMenuItem、JCheckBoxMenuItem，JRadioButton-MenuItem 和 JSeparator 等。与 JMenuBar 类似，它也有两个辅助类：JPopupMenu 和 LookAndFeel。菜单本质上是带有关联 JPopupMenu 的按钮。当按下按钮时，就会显示 JPopupMenu。LookAndFeel 类负责描绘菜单栏以及对其发生的事件做出响应。

JMenuItem 是菜单中的项的实现。菜单项本质上是位于列表中的按钮。当用户选择"按钮"时，则执行与菜单项关联的操作。它通常以文本字符串的形式显示，可以带有图标。

创建菜单的基本步骤如下。

（1）创建菜单条（JMenuBar），示例代码如下：

```
JMenuBar menuBar=new JMenuBar();
```

建立 JMenuBar 对象后，默认是空的菜单条。

（2）创建菜单（JMenu），加入到相应菜单条，示例代码如下：

```
JMenu menuFile = new JMenu("文件");
menuBar.add(menuFile);
```

（3）创建菜单项（JMenuItem），加入到相应菜单，示例代码如下：

```
JMenuItem menuItem1 = new JMenuItem("新建");
```

```
JMenuItem menuItem2 = new JMenuItem("打开");
menuFile.add(menuItem1);
menuFile.add(menuItem2);
```

（4）使菜单条依附于拥有它的对象，即添加菜单条到顶层容器，示例代码如下：

```
this.setJMenuBar(menuBar);
```

JCheckBoxMenuItem 是一种可以被选定或取消选定的菜单项。如果被选定，菜单项的旁边通常会出现一个复选标记。如果未被选定或被取消选定，菜单项的旁边就没有复选标记。它可以包含文本和图标。isSelected/setSelected 或 getState/setState 都可以用来确定/指定菜单项的选择状态。首选方法是 isSelected 和 setSelected，它们可用于所有菜单和按钮。getState 和 setState 方法用于与其他组件集的兼容。示例代码如下：

```
JMenu rcMenu = new JMenu("单选与复选");
menuBar.add(rcMenu);
JMenu cMenu = new JMenu("复选");
cMenu.add(new JCheckBoxMenuItem("复选 1", true));
cMenu.add(new JCheckBoxMenuItem("复选 2", false));
rcMenu.add(cMenu);
```

JRadioButtonMenuItem 是一个单选按钮菜单项的实现。JRadioButtonMenuItem 是属于一组菜单项中的一个菜单项，该组中只能选择一个项，被选择的项显示其选择状态。要控制一组单选按钮菜单项的选择状态，需要使用 ButtonGroup 对象。示例代码如下：

```
JMenu rMenu = new JMenu("单选");
JRadioButtonMenuItem rbmi1 = new JRadioButtonMenuItem("男");
JRadioButtonMenuItem rbmi2 = new JRadioButtonMenuItem("女");
ButtonGroup buttonGroup = new ButtonGroup();
buttonGroup.add(rbmi1);
buttonGroup.add(rbmi2);
rMenu.add(rbmi1);
rMenu.add(rbmi2);
rcMenu.add(rMenu);
```

JPopupMenu 实现弹出菜单。弹出菜单是一个可以弹出并显示一系列选项的窗口。JPopupMenu 用于用户在菜单栏上选择项时显示的菜单，它还用于当用户选择菜单项并激活它时显示的"右拉式（pull-right）"菜单，最后，JPopupMenu 还可以在想让菜单显示的任何其他位置使用。弹出式菜单一般情况下是不可见的，只有当用鼠标右键单击附着有弹出菜单的组件时，才会弹出显示。示例代码如下：

```
JPopupMenu popup = new JPopupMenu();
popup.add(new JMenuItem("男"));
popup.add(new JMenuItem("女"));
JButton label = new JButton("弹出式菜单");
win.add(label);
label.setComponentPopupMenu(popup);
```

### 8.1.5　应用实践

配合 Swing 窗体 JFrame 和菜单对象，创建程序实现用户界面，如图 8-4 所示效果。

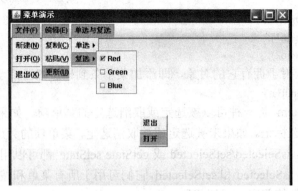

图 8-4    窗体及菜单图形界面

# 任务 8.2    在窗体上布局控件

## 8.2.1    情境描述

针对工资管理系统而言，Jack 成功地实现了主菜单的可视化，紧接着他需要针对系统操作界面，例如员工的管理界面进行图形化，为了实现员工管理界面的图形化，他需要完成以下任务：

（1）在窗体上添加 Swing 组件。

（2）将 Swing 组件合理布局到窗体上。

## 8.2.2    问题分析

界面图形化操作主要通过在窗体上添加组件及对组件进行布局构成，Java 语言通过在 JFrame 上放置 JPanel、JTextField、JLabel 等组件的形式实现，同时通过适当的布局方式，实现界面的合理展现。

## 8.2.3    解决方案

（1）新建项目 Task8_2。

（2）在 com.esms.view 下创建添加 A 类员工的界面 AddEmployeeA.java。代码如下：

```
package com.esms.view;
import java.awt.*;
import java.awt.event.*;
import java.io.*;
import java.sql.*;
import javax.swing.*;
import java.util.*;
import java.net.*;
public class AddEmployeeA extends JInternalFrame {
    //Dimension screen = Toolkit.getDefaultToolkit().getScreenSize();
    JFrame JFParentFrame;
    JDesktopPane desktop;
```

```java
private JPanel panel1;
private JPanel panel2;
private JButton AddBtn;
private JButton ResetBtn;
private JButton ExitBtn;
private JLabel lbEmpNo, lbEmpName, lbEmpGender, lbEmpDept, lbEmpPos,
        lbTitlePos, lbWorkTimes;
private JTextField txtEmpNo, txtEmpName, txtEmpDept, txtEmpPos,
        txtWorkTimes;
private JComboBox cmbEmpGender, cmbTitlePos;
String dialogmessage;
String dialogs;
int dialogtype = JOptionPane.PLAIN_MESSAGE;
public static int record;
String Emp_Code = "";
String Emp_Name1 = "";
String Emp_Name2 = "";
String Emp_Desi = "";
String Emp_Add = "";
String Emp_No = "";
//Class Variables
CSettings settings = new CSettings();
Connection conn;
public AddEmployeeA(JFrame getParentFrame) {
        super("添加 - A 类雇员 ", true, true, true, true);
        setSize(400, 800);
        JFParentFrame = getParentFrame;
        panel1 = new JPanel();
        panel1.setLayout(new GridLayout(7, 7));
        lbEmpNo = new JLabel(" 员工编号 :");
        lbEmpName = new JLabel(" 员工姓名:");
        lbEmpGender = new JLabel(" 员工性别 :");
        lbEmpDept = new JLabel(" 所属部门 :");
        lbEmpPos = new JLabel(" 员工职务 :");
        lbTitlePos = new JLabel(" 员工职称 :");
        lbWorkTimes = new JLabel(" 工作时间 :");
        txtEmpNo = new JTextField(20);
        txtEmpName = new JTextField(20);
        txtEmpDept = new JTextField(20);
        txtEmpPos = new JTextField(20);
        txtWorkTimes = new JTextField(20);
        this.cmbEmpGender = new JComboBox();
        cmbEmpGender.addItem("男 ");
        cmbEmpGender.addItem("女");
        this.cmbTitlePos = new JComboBox();
        cmbTitlePos.addItem("初级");
```

```
                cmbTitlePos.addItem("中级");
                cmbTitlePos.addItem("副高");
                cmbTitlePos.addItem("高级");
                panel1.add(this.lbEmpNo);
                panel1.add(txtEmpNo);
                panel1.add(lbEmpName);
                panel1.add(txtEmpName);
                panel1.add(lbEmpGender);
                panel1.add(cmbEmpGender);
                panel1.add(lbEmpDept);
                panel1.add(txtEmpDept);
                panel1.add(lbEmpPos);
                panel1.add(txtEmpPos);
                panel1.add(lbTitlePos);
                panel1.add(cmbTitlePos);
                panel1.add(lbWorkTimes);
                panel1.add(txtWorkTimes);
                panel1.setOpaque(true);
                panel2 = new JPanel();
                panel2.setLayout(new FlowLayout());
                AddBtn = new JButton("添加");
                ResetBtn = new JButton("撤销");
                ExitBtn = new JButton("退出");
                panel2.add(AddBtn);

                panel2.setOpaque(true);
                getContentPane().setLayout(new GridLayout(2, 1));
                getContentPane().add(panel1, "CENTER");
                getContentPane().add(panel2, "CENTER");
                setFrameIcon(new ImageIcon("images/backup.gif"));
                setDefaultCloseOperation(DISPOSE_ON_CLOSE);
                pack();
                settings.Numvalidator(txtWorkTimes);
        }
}
```

（3）新建 A 类员工修改的窗体 EditEmployeeA.java。代码如下：

```
package com.esms.view;

import java.awt.*;
import java.awt.event.*;
import java.io.*;
import java.sql.*;
import javax.swing.*;
import java.util.*;
import java.net.*;
```

```java
public class EditEmployeeA extends JInternalFrame {

    //Dimension screen = Toolkit.getDefaultToolkit().getScreenSize();
    JFrame JFParentFrame;
    JDesktopPane desktop;
    private JPanel panel1;
    private JPanel panel2;
    private JButton AddBtn;
    private JButton ResetBtn;
    private JButton ExitBtn;
    private JButton QueryBtn;
    private JLabel lbEmpNo, lbEmpName, lbEmpGender, lbEmpDept, lbEmpPos,
            lbTitlePos, lbWorkTimes;
    private JTextField txtEmpNo, txtEmpName, txtEmpDept, txtEmpPos,
            txtWorkTimes;
    private JComboBox cmbEmpGender, cmbTitlePos;
    String dialogmessage;
    String dialogs;
    int dialogtype = JOptionPane.PLAIN_MESSAGE;

    public static int record;
    String Emp_Code = "";
    String Emp_Name1 = "";
    String Emp_Name2 = "";
    String Emp_Desi = "";
    String Emp_Add = "";
    String Emp_No = "";

//Class Variables

CSettings settings = new CSettings();

Connection conn;

public EditEmployeeA(JFrame getParentFrame) {

        super("修改- A 类员工", true, true, true, true);
        setSize(400, 800);
        JFParentFrame = getParentFrame;
        panel1 = new JPanel();
        panel1.setLayout(new GridLayout(7, 7));

        lbEmpNo = new JLabel(" 员工编号 :");
        lbEmpName = new JLabel(" 员工姓名:");
        lbEmpGender = new JLabel(" 员工性别 :");
        lbEmpDept = new JLabel(" 所属部门 :");
```

```
            lbEmpPos = new JLabel(" 员工职务 :");
            lbTitlePos = new JLabel(" 员工职称 :");
            lbWorkTimes = new JLabel(" 工作时间 :");

            txtEmpNo = new JTextField(20);
            txtEmpName = new JTextField(20);
            txtEmpDept = new JTextField(20);
            txtEmpPos = new JTextField(20);
            txtWorkTimes = new JTextField(20);

            QueryBtn=new JButton("查询");

            this.cmbEmpGender = new JComboBox();
            cmbEmpGender.addItem("男 ");
            cmbEmpGender.addItem("女");

            this.cmbTitlePos = new JComboBox();
            cmbTitlePos.addItem("初级");
            cmbTitlePos.addItem("中级");
            cmbTitlePos.addItem("副高");
            cmbTitlePos.addItem("高级");

            panel1.add(this.lbEmpNo);
            panel1.add(txtEmpNo);



            panel1.add(lbEmpName);
            panel1.add(txtEmpName);

            panel1.add(lbEmpGender);
            panel1.add(cmbEmpGender);

            panel1.add(lbEmpDept);
            panel1.add(txtEmpDept);

            panel1.add(lbEmpPos);
            panel1.add(txtEmpPos);

            panel1.add(lbTitlePos);
            panel1.add(cmbTitlePos);

            panel1.add(lbWorkTimes);
            panel1.add(txtWorkTimes);

            panel1.setOpaque(true);
```

```
            panel2 = new JPanel();
            panel2.setLayout(new FlowLayout());
            AddBtn = new JButton("修改");
            ResetBtn = new JButton("撤销");
            ExitBtn = new JButton("退出");

            panel2.add(this.QueryBtn);
            panel2.add(AddBtn);

            panel2.setOpaque(true);

            getContentPane().setLayout(new GridLayout(2, 1));
            getContentPane().add(panel1, "CENTER");
            getContentPane().add(panel2, "CENTER");
            setFrameIcon(new ImageIcon("images/backup.gif"));
            setDefaultCloseOperation(DISPOSE_ON_CLOSE);
            pack();

            settings.Numvalidator(txtWorkTimes);
        }
}
```

（4）编写删除 A 类员工的删除窗体 DeleteEmployeeA.java。代码如下：

```
package com.esms.view;

import java.awt.*;
import java.awt.event.*;
import java.io.*;
import java.sql.*;
import javax.swing.*;
import java.util.*;
import java.net.*;

public class DeleteEmployeeA extends JInternalFrame {

        //Dimension screen = Toolkit.getDefaultToolkit().getScreenSize();
        JFrame JFParentFrame;
        JDesktopPane desktop;
        private JPanel panel1;
        private JPanel panel2;
        private JButton AddBtn;
        private JButton ResetBtn;
        private JButton ExitBtn;
        private JButton QueryBtn;
        private JLabel lbEmpNo, lbEmpName, lbEmpGender, lbEmpDept, lbEmpPos,
                lbTitlePos, lbWorkTimes;
```

```java
        private JTextField txtEmpNo, txtEmpName, txtEmpDept, txtEmpPos,
                txtWorkTimes;
        private JComboBox cmbEmpGender, cmbTitlePos;
        String dialogmessage;
        String dialogs;
        int dialogtype = JOptionPane.PLAIN_MESSAGE;

        public static int record;
        String Emp_Code = "";
        String Emp_Name1 = "";
        String Emp_Name2 = "";
        String Emp_Desi = "";
        String Emp_Add = "";
        String Emp_No = "";

        //Class Variables

        CSettings settings = new CSettings();

        Connection conn;

        public DeleteEmployeeA(JFrame getParentFrame) {

                super("删除- A 类员工  ", true, true, true, true);
                setSize(400, 800);
                JFParentFrame = getParentFrame;
                panel1 = new JPanel();
                panel1.setLayout(new GridLayout(7, 7));

                lbEmpNo = new JLabel(" 员工编号  :");
                lbEmpName = new JLabel(" 员工姓名:");
                lbEmpGender = new JLabel(" 员工性别 :");
                lbEmpDept = new JLabel(" 所属部门 :");
                lbEmpPos = new JLabel(" 员工职务 :");
                lbTitlePos = new JLabel(" 员工职称 :");
                lbWorkTimes = new JLabel(" 工作时间 :");

                txtEmpNo = new JTextField(20);
                txtEmpName = new JTextField(20);
                txtEmpDept = new JTextField(20);
                txtEmpPos = new JTextField(20);
                txtWorkTimes = new JTextField(20);

                QueryBtn=new JButton("查询");

                this.cmbEmpGender = new JComboBox();
```

```
cmbEmpGender.addItem("男 ");
cmbEmpGender.addItem("女");

this.cmbTitlePos = new JComboBox();
cmbTitlePos.addItem("初级");
cmbTitlePos.addItem("中级");
cmbTitlePos.addItem("副高");
cmbTitlePos.addItem("高级");

panel1.add(this.lbEmpNo);
panel1.add(txtEmpNo);


panel1.add(lbEmpName);
panel1.add(txtEmpName);

panel1.add(lbEmpGender);
panel1.add(cmbEmpGender);

panel1.add(lbEmpDept);
panel1.add(txtEmpDept);

panel1.add(lbEmpPos);
panel1.add(txtEmpPos);

panel1.add(lbTitlePos);
panel1.add(cmbTitlePos);

panel1.add(lbWorkTimes);
panel1.add(txtWorkTimes);

panel1.setOpaque(true);

panel2 = new JPanel();
panel2.setLayout(new FlowLayout());
AddBtn = new JButton("删除");
ResetBtn = new JButton("撤销");
ExitBtn = new JButton("退出");

panel2.add(this.QueryBtn);
panel2.add(AddBtn);

panel2.setOpaque(true);

getContentPane().setLayout(new GridLayout(2, 1));
```

```
            getContentPane().add(panel1, "CENTER");
            getContentPane().add(panel2, "CENTER");
            setFrameIcon(new ImageIcon("images/backup.gif"));
            setDefaultCloseOperation(DISPOSE_ON_CLOSE);
            pack();

            settings.Numvalidator(txtWorkTimes);
        }

    }
```

（5）测试三个操作界面。

### 8.2.4　知识总结

1. Swing 组件

Swing 所提供的组件种类很多，但它们的用法相对简单，并且非常相似，这些组件被安排在容器（窗体）中才能正确显示。

（1）JPanel

面板 JPanel 是一种经常使用的中间层容器。它没有标题和边框，默认属性为透明，也没有背景色彩，即是一种看不见的中间层容器。可以使用 add()方法在 JPanel 中放置按钮、文本框等组件。使用时，需要将它添加到顶层容器或其他中间容器中。

JPanel 的构造方法有：

- JPanel()：创建具有双缓冲和流布局的新 JPanel。
- JPanel(Boolean isDoubleBuffered)：创建具有 FlowLayout 和指定缓冲策略的新 JPanel。如果 isDoubleBuffered 为 true，则 JPanel 将使用双缓冲。
- JPanel(LayoutManager layout)：创建具有指定布局管理器的新缓冲 JPanel。
- JPanel(LayoutManager layout, Boolean isDoubleBuffered)：创建具有指定布局管理器和缓冲策略的新 JPanel。

JPanel 组件的方法大都派生自 JComponent、Container 和 Component。

（2）JLabel

标签是显示文本和图片的一个静态区域，用户只能查看而不能修改其内容，但通过代码可以修改其内容。JLabel 类的常用方法如表 8-3 所示。

表 8-3　JLabel 的常用方法

|  | 方法 | 用途 |
|---|---|---|
| 构造方法 | JLabel(String text) | 创建具有指定文本的标签实例 |
|  | JLabel(Icon image) | 创建具有指定图像的标签实例 |
| 成员方法 | String getText() | 返回标签所显示的文本字符串 |
|  | void setText(String text) | 定义标签将要显示的单行文本 |

（3）JButton

按钮类用来创建按钮，在按钮上可以设置图标。按钮 JButton 被广泛用于用户输入，当用户用鼠标单击按钮时，系统会自动执行与该按钮相联系的事件处理程序，从而完成预先指定的功能。JButton 类常用的方法如表 8-4 所示。

表 8-4　JButton 的常用方法

| | 方法 | 用途 |
|---|---|---|
| 构造方法 | JButton(String text) | 创建一个带文本的按钮 |
| | JButton(Icon icon) | 创建一个带图标的按钮 |
| 成员方法 | void setActionCommand(String actionCommand) | 设置此按钮的动作命令 |
| | void setEnabled(boolean b) | 启用（或禁用）按钮 |
| | String getText() | 返回按钮所显示的文本字符串 |
| | void setText(String text) | 定义按钮将要显示的单行文本 |

（4）JTextField

Java 的文本框有单行文本框 JTextField、密码文本框 JPasswordField、多行文本框 JTextArea 等多种。文本框允许用户编辑文本信息。

JTextField 和 JTextArea 继承于 JTextComponent 类，其中单行文本框只能接收用户输入的单行文字信息，多行文本框的功能与单行文本框相同，只是它能够输入或显示多行纯文本内容，视操作系统不同，使用"\n"，"\n\r"或"\r"符号换行。

JPasswordField 是 JTextField 的子类，它们之间的区别在于，JPasswordField 不会显示出用户输入的内容，而只会显示出程序员预设定的一个固定符号，比如"*"等。

JTextField 的常用方法如表 8-5 所示。

表 8-5　JTextField 的常用方法

| | 方法 | 用途 |
|---|---|---|
| 构造方法 | JTextField() | 创建一个新的单行文本框 |
| | JTextField(int columns) | 创建一个具有指定列数的新的单行文本框 |
| | JTextField(String text) | 创建一个用指定文本初始化的新的单行文本框 |
| 成员方法 | String getText() | 返回文本框所显示的文本字符串 |
| | void setText(String text) | 设置文本框中显示的单行文本 |

（5）JCheckBox

用于复选框的实现，复选框是一种可以被选定和被取消选定的项，并将其状态显示给用户。JCheckBox 的构造函数，如表 8-6 所示。

表 8-6　JCheckBox 的构造函数

| 方法 | 用途 |
|---|---|
| JCheckBox() | 创建一个没有文本、没有图标并且最初未被选定的复选框 |
| JCheckBox(Icon icon) | 创建一个图标、最初未被选定的复选框 |
| JCheckBox(Icon icon, Boolean selected) | 创建一个带图标的复选框，并指定其最初是否处于选定状态 |

续表

| 方法 | 用途 |
|---|---|
| JCheckBox(String text) | 创建一个带文本的、最初未被选定的复选框 |
| JCheckBox(Action a) | 创建一个复选框，其属性从所提供的 Action 获取 |
| JCheckBox(String text, Boolean selected) | 创建一个带文本的复选框，并指定其最初是否处于选定状态 |
| JCheckBox(String text, Icon icon) | 创建带有指定文本和图标的、最初未被选定的复选框 |
| JCheckBox(String text, Icon icon, Boolean selected) | 创建一个带文本和图标的复选框，并指定其最初是否处于选定状态 |

JCheckBox 的常用方法，如表 8-7 所示。

表 8-7　JCheckBox 的常用方法

| 方法 | 用途 |
|---|---|
| void setText(String text) | 定义此组件将要显示的单行文本 |
| String getText() | 返回该标签所显示的文本字符串 |
| String paramString() | 返回此 JCheckBox 的字符串表示形式。此方法仅在进行调试的时候使用 |
| void setSelected(Boolean b) | 设置按钮的选定状态 |
| boolean isSelected() | 返回按钮的状态。如果选定了按钮，则返回 true，否则返回 false |
| void setActionCommand(String actionCommand) | 设置此按钮的动作命令 |
| String getActionCommand() | 返回此按钮的动作命令 |
| void setEnabled(Boolean b) | 启用（或禁用）按钮 |

（6）JRadioButton 组件

实现一个单选按钮，此按钮项可被选择或被取消选择，并可为用户显示其状态。它与 ButtonGroup 对象配合使用可创建一组按钮，一次只能选择其中的一个按钮。

JRadioButton 的构造函数，如表 8-8 所示。

表 8-8　JRadioButton 的构造函数

| 方法 | 用途 |
|---|---|
| JRadioButton() | 创建一个初始化为未选择的单选按钮，其文本未设定 |
| JRadioButton(Icon icon) | 创建一个初始化为未选择的单选按钮，其具有指定的图像但无文本 |
| JRadioButton(Action a) | 创建一个单选按钮，其属性来自提供的 Action |
| JRadioButton(Icon icon, Boolean selected) | 创建一个具有指定图像和选择状态的单选按钮，但无文本 |
| JRadioButton(String text) | 创建一个具有指定文本的状态为未选择的单选按钮 |
| JRadioButton(String text, Boolean selected) | 创建一个具有指定文本和选择状态的单选按钮 |

| 方法 | 用途 |
|---|---|
| JRadioButton(String text, Icon icon) | 创建一个具有指定的文本和图像并初始化为未选择的单选按钮 |
| JRadioButton(String text, Icon icon, Boolean selected) | 创建一个具有指定的文本、图像和选择状态的单选按钮 |

JRadioButton 的常用方法与 JCheckBox 类似，在这里不再赘述。

Java 提供了多种多样的组件，如列表框（JList）、组合框（JComboBox）、菜单 JMenu 等，详细说明可参考 Java API 文档。

2. 布局管理器

布局是不同物体在某个空间上的位置，以及这种位置给不同观察者带来的感官效果。Java 中的组件在容器中的位置也需要很好的布局。布局管理器可以用来管理各种组件在容器中的放置状态，它会根据平台来调整组件的大小，具有很好的平台无关性。每个容器都有一类布局管理器，当容器对某个组件进行定位或判断时，就会调用其对应的布局管理器，而且可以通过 setLayout()方法为容器设置新的布局。这里介绍 Java 语言常见的三种布局管理器。

（1）FlowLayout

流布局管理器组件 FlowLayout 提供了一种非常简单的布局，用来将一群组件安排在同一行，由左向右排列，并维持组件的大小，当此行已经排满时，它会将剩余的组件自动排列到下一行，而各行的组件会向中间对齐。也可以通过使用 setAlignment(int align)方法设置布局的对齐方式。流布局管理器是 JPanel 和 JApplet 默认的布局管理器。

（2）BorderLayout

边界式的布局，它把一个容器分为东、南、西、北、中五个部分，分别为 BorderLayout.EAST、BorderLayout.SOUTH、BorderLayout.WEST、BorderLayout.NORTH、BorderLayout.CENTER，若没有指明组件放置的位置，则使用默认的"CENTER"。

边界布局是 JWindow、JDialog 和 JFrame 默认的布局管理器。

（3）GridLayout

网格布局 GridLayout 是将容器空间平均分割成若干行乘若干列的网格，每个格放一个组件。各组件按照从上到下，从左到右的顺序排列。GridLayout 布局中每个网格都是大小相同，并且强制组件与网格大小相同。

### 8.2.5 应用实践

编写一个 GUI 程序的基本流程是：引入需要用到的包，如 java.swing；定义并创建一个顶层容器，如 JFrame；定义并创建组件，如 JButton，JLabel 等；将组件添加到容器中，使用布局管理器来管理位置；处理事件响应，如关闭窗口时如何响应；设置窗口大小，并使其可见等。

编写一个名片管理程序，实现图形界面如图 8-5 所示。其中可以使用布局管理器来布局，也可以通过添加不同的面板，实现布局。

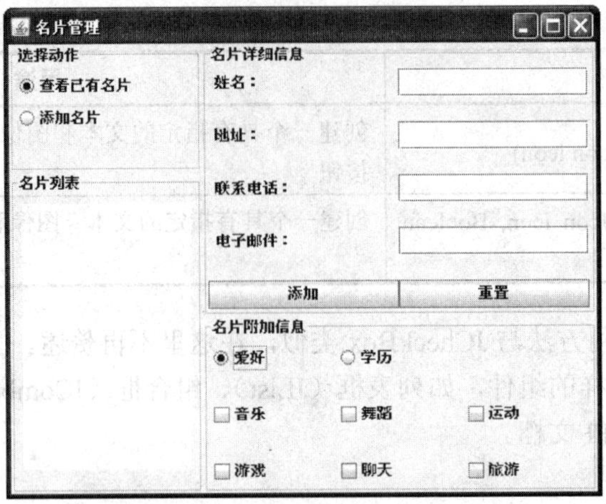

图 8-5　名片管理程序界面

# 任务 8.3　给 Swing 组件添加事件

## 8.3.1　情境描述

Tom 在成功实现了对工资管理系统添加主窗体及新建窗体，但是，主界面的菜单没有响应事件，同时功能窗体也没有响应事件。为了解决事件响应问题，他需要解决以下任务：

（1）添加菜单的点击事件

（2）添加按钮的响应事件

## 8.3.2　问题分析

在 Windows 环境下，组件执行的功能是通过事件来完成的，Java 语言对按钮事件通过 ActionEvent 及 ActionListener 来解决，执行的方法为 ActionPerform。

## 8.3.3　解决方案

（1）新建项目 Task8_3。

（2）修改 FrameMain.java，添加菜单的事件处理程序。在 FrameMain 中添加的代码如下：

```
package com.esms.view;

import java.awt.BorderLayout;
import java.awt.Color;
import java.awt.Dimension;
import java.awt.FlowLayout;
import java.awt.event.ActionEvent;
import java.awt.event.ActionListener;
import java.beans.PropertyVetoException;
import javax.swing.BorderFactory;
import javax.swing.ImageIcon;
```

```java
import javax.swing.JDesktopPane;
import javax.swing.JFrame;
import javax.swing.JInternalFrame;
import javax.swing.JMenu;
import javax.swing.JMenuBar;
import javax.swing.JMenuItem;
import javax.swing.JPanel;
import javax.swing.JTextField;
import javax.swing.JToolBar;

/**
 * 主窗体对象
 *
 * @author Administrator
 *
 */
public class FrameMain extends JFrame implements ActionListener {
//略
    public FrameMain() ;

    //是否重复载入
    protected boolean isLoaded(String FormTitle) {
        JInternalFrame Form[] = desktop.getAllFrames();
        for (int i = 0; i < Form.length; i++) {
            if (Form[i].getTitle().equalsIgnoreCase(FormTitle)) {
                Form[i].show();
                try {
                    Form[i].setIcon(false);
                    Form[i].setSelected(true);

                } catch (PropertyVetoException e) {

                }
                return true;
            }
        }
        return false;
    } //Complete to Verify Form loaded or not

    protected void loadForm(String Title, JInternalFrame clsForm) {

        boolean xForm = isLoaded(Title);
        if (xForm == false) {
            desktop.add(clsForm);
            clsForm.setVisible(true);
```

```
                clsForm.show();
        } else {
                try {
                        clsForm.setIcon(false);
                        clsForm.setSelected(true);

                } catch (PropertyVetoException e) {
                }
        }
}

@Override
/**
 * 菜单响应事件
 */
public void actionPerformed(ActionEvent arg0) {
        Object source = arg0.getSource();
        if (source == itemExit) {
                System.exit(0);
        } else if (source == this.itemEmployeeAAdd) {
                AddEmployeeA c = new AddEmployeeA(this);
                this.loadForm("添加 A 类员工", c);
        } else if (source == this.itemEmployeeAEdit) {
                EditEmployeeA c = new EditEmployeeA(this);
                this.loadForm("编辑 A 类员工", c);
        } else if (source == this.itemEmployeeADelete) {
                DeleteEmployeeA c = new DeleteEmployeeA(this);
                this.loadForm("删除 A 类员工", c);
        }
}
}
```

（3）添加菜单事件监听，代码如下：

```
protected JMenuBar CreateJMenuBar() {
//略
    //事件监听
    this.itemExit.addActionListener(this);
    this.itemEmployeeAAdd.addActionListener(this);
    this.itemEmployeeAEdit.addActionListener(this);
    this.itemEmployeeADelete.addActionListener(this);
}
```

（4）运行测试菜单单击事件。如图 8-6 所示。

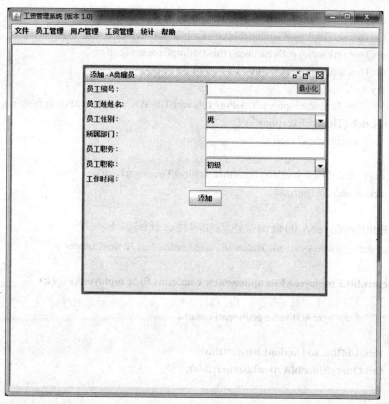

图 8-6 运行界面

（5）为 AddEmployeeA 的添加按钮绑定单击事件，代码如下：

```
package com.esms.view;

import java.awt.*;
import java.awt.event.*;
import java.io.*;
import java.sql.*;
import javax.swing.*;
import java.util.*;
import java.net.*;

public class AddEmployeeA extends JInternalFrame implements ActionListener    {

        public AddEmployeeA(JFrame getParentFrame) {
        AddBtn.addActionListener(this);
    }

com.esms.file.EmployeeAFile option=new com.esms.file.EmployeeAFile();
    @Override
    public void actionPerformed(ActionEvent arg0) {
        EmployeeA objTom = new EmployeeA();
        objTom.setEmployeeNo(this.txtEmpNo.getText());
```

```
        objTom.setEmployeeName(this.txtEmpName.getText());
        objTom.setEmployeeGender(this.cmbEmpGender.getSelectedItem().toString());
        objTom.setEmployeeDepartment(this.txtEmpDept.getText());
        objTom.setEmployeePos(this.txtEmpPos.getText());
        try {
                objTom.setEmployeeTitlePos( this.cmbTitlePos.getSelectedItem().toString());
        } catch (TitlePosException e) {
                e.printStackTrace();
        }
        objTom.setEmployeeEntryDate(this.txtWorkTimes.getText());
        option.add(objTom);
    }
```

（6）为 EditEmployeeA 的查询按钮添加事件，代码如下：

```
public class EditEmployeeA extends JInternalFrame implements ActionListener {
//略
    com.esms.file.EmployeeAFile option=new com.esms.file.EmployeeAFile();

    public EditEmployeeA(JFrame getParentFrame) {

        this.AddBtn.addActionListener(this);
        this.QueryBtn.addActionListener(this);
    }
    @Override
    public void actionPerformed(ActionEvent arg0) {
        Object o = arg0.getSource();
        if (o == this.QueryBtn) {
            com.esms.EmployeeA obj=option.load(this.txtEmpNo.getText());
            if(obj!=null)
            {
                this.txtEmpName.setText(obj.getEmployeeName());
                this.txtEmpPos.setText(obj.getEmployeePos());
                this.txtEmpDept.setText(obj.getEmployeeDepartment());
                this.cmbEmpGender.setSelectedItem(obj.getEmployeeGender());
                this.cmbTitlePos.setSelectedItem(obj.getEmployeeTitlePos());
                DateFormat df = new SimpleDateFormat("yyyy-MM-dd ");
                this.txtWorkTimes.setText(df.format(obj.getEmployeeEntryDate()));
            }

        }
        else if(o==this.AddBtn){
            EmployeeA objTom = new EmployeeA();
            objTom.setEmployeeNo(this.txtEmpNo.getText());
            objTom.setEmployeeName(this.txtEmpName.getText());
            objTom.setEmployeeGender(this.cmbEmpGender.getSelectedItem().toString());
            objTom.setEmployeeDepartment(this.txtEmpDept.getText());
            objTom.setEmployeePos(this.txtEmpPos.getText());
```

```
        try {
            objTom.setEmployeeTitlePos( this.cmbTitlePos.getSelectedItem().toString());
        } catch (TitlePosException e) {

            e.printStackTrace();
        }

        objTom.setEmployeeEntryDate(this.txtWorkTimes.getText());
        option.edit(objTom);

        }
    }
}
```

（7）在 DeleteEmployeeA.java 类中添加删除事件，代码如上：

```
public class DeleteEmployeeA extends JInternalFrame implements ActionListener   {

    public DeleteEmployeeA(JFrame getParentFrame) {
        this.AddBtn.addActionListener(this);
        this.QueryBtn.addActionListener(this);
    }

    com.esms.file.EmployeeAFile option=new com.esms.file.EmployeeAFile();
    @Override
    public void actionPerformed(ActionEvent arg0) {
        Object o = arg0.getSource();
        if (o == this.QueryBtn) {
            com.esms.EmployeeA obj=option.load(this.txtEmpNo.getText());
            if(obj!=null)
            {
                this.txtEmpName.setText(obj.getEmployeeName());
                this.txtEmpPos.setText(obj.getEmployeePos());
                this.txtEmpDept.setText(obj.getEmployeeDepartment());
                this.cmbEmpGender.setSelectedItem(obj.getEmployeeGender());
                this.cmbTitlePos.setSelectedItem(obj.getEmployeeTitlePos());
                DateFormat df = new SimpleDateFormat("yyyy-MM-dd ");
                this.txtWorkTimes.setText(df.format(obj.getEmployeeEntryDate()));
            }

        }
        else if(o==this.AddBtn){
            option.delete(txtEmpNo.getText());
        }
    }
}
```

（8）运行程序。

### 8.3.4　知识总结

**1. 事件处理机制**

在 Java 中，程序和用户的交互是通过响应各种事件来实现的。例如，用户单击了一个按钮，意味着一个按钮事件的发生；选中了一个选项，意味着一个选项事件的发生。每当一个事件发生，Java 虚拟机就会将事件的消息传递给程序，由程序中的事件处理方法对事件进行处理。如果没有编写事件处理方法，程序就不能和用户交互。如前面任务中，只设计了程序运行界面，当鼠标单击按钮等组件时程序没有任何反应，其原因是没有给它们添加事件处理功能。

如果希望能对各种事件做出反应，要编写一个或多个事件处理方法，当程序监听到事件发生后，就可以调用事件处理方法来处理了。

（1）事件（Event）：用户对界面操作的描述，以类的形式出现。例如鼠标操作对应的事件 MouseEvent。

（2）事件源（EventSource）：产生事件的组件，如按钮 Button。

（3）事件监听者（EventListener）：接收事件并对其进行处理的对象。

事件源在产生事件时，将与该事件相关的信息封装放在事件对象中，并将对象传递给监听者对象，监听者对象会根据事件对象中的信息来决定要采取的处理方式。如果监听者对象感受某个事件源发生的事件，就必须在程序中向该事件源进行注册，这样，当事件源产生事件时，事件源会立即主动通知监听者对象。监听者对象一旦注册，它就时刻等待着事件源事件的发生。

由于同一事件源上可能发生多种事件，因此 Java 通过委托型事件处理机制解决如何对事件做出响应的问题，事件源可以把其自身所有可能发生的事件分别授权给不同的事件监听者对象来处理。

**2. 事件类**

Java 中的事件处理是面向对象的，所有事件都是从 java.util 包中的 EventObject 类扩展而来的。EventObject 有一个子类 AWTEvent，它是所有 AWT 事件的父类，AWT 事件的继承关系如图 8-7 所示。

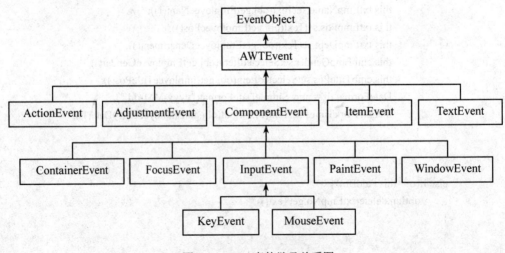

图 8-7　AWT 事件继承关系图

这些事件分为两大类：低级事件和高级事件。低级事件是指基于组件和容器的事件，如鼠标单击、窗口的关闭等。高级事件是基于语义的事件，它可以不和特定的动作关联，或依赖于触发此事件的类，如单击某个按钮，选中项目列表中的某一项。

（1）低级事件

- ComponentEvent（组件事件）：对应的事件为组件尺寸的变化、移动。
- ContainerEvent（容器事件）：对应的事件为容器的增加、移动。
- FocusEvent（焦点事件）：对应的事件为焦点的获得和丢失。
- KeyEvent（键盘事件）：对应键盘的按下、释放。
- MouseEvent（鼠标事件）：对应鼠标的单击、移动等。
- WindowEvent（窗口事件）：关闭窗口、窗口最小化等。

（2）高级事件

- ActionEvent（动作事件）：对应的事件为按钮被单击，在文本框中按回车键。
- AdjustmentEvent（调节事件）：对应移动滚动条滑块调节数值。
- ItemEvent（项目事件）：对应选择项目。
- TextEvent（文本事件）：对应文本对象改变。

3. 事件监听

每种事件都有对应的监听器，监听器是接口。监听器定义了与该事件动作有关的方法，这些方法都有一个参数，接收事件源传递来的事件对象，这个事件对象包含了许多有用的信息，这是对象封装的一个典型例子。Java 提供的常用事件及其对应的接口如表 8-9 所示。

表 8-9　常见的事件及对应接口

| 事件源 | 事件对象 | 事件监听器接口名 | 常用方法 |
| --- | --- | --- | --- |
| Component | ComponentEvent | ComponentListener | componentMoved(ComponentEvent evt)<br>componentHidden(ComponentEvent evt)<br>componentResized(ComponentEvent evt)<br>componentShown(ComponentEvent evt) |
| | MouseEvent | MouseListener | mouseClicked(MouseEvent evt)<br>mousePressed(MouseEvent evt)<br>mouseExited(MouseEvent evt)<br>mouseReleased(MouseEvent evt)<br>mouseEntered(MouseEvent evt) |
| | | MouseMotionListener | mouseDragged(MouseEvent evt)<br>mouseMoved(MouseEvent evt) |
| | KeyEvent | KeyListener | keyPressed(KeyEvent evt)<br>keyReleased(KeyEvent evt)<br>keyTyped(KeyEvent evt) |
| | FocusEvent | FocusListener | focusGained(FocusEvent evt)<br>focusLost(FocusEvent evt) |

续表

| 事件源 | 事件对象 | 事件监听器接口名 | 常用方法 |
|---|---|---|---|
| Window | WindowEvent | WindowListener | windowClosed(WindowEvent evt)<br>windowOpened(WindowEvent evt)<br>windowActivated(WindowEvent evt)<br>windowClosing(WindowEvent evt)<br>windowDeactivated(WindowEvent evt) |
| Button、List、<br>TextField、MenuItem | ActionEvent | ActionListener | actionPerformed(ActionEvent evt) |
| CheckBox、List | ItemEvent | ItemListener | itemStateChanged(ItemEvent evt) |
| TextField、TextArea | TextEvent | TextListener | textValueChanged(TextEvent evt) |

例如，与键盘事件 KeyEvent 相对应的接口是：

```
public interface KeyListener extends EventListener{
    public void keyPressed(KeyEvent ev);
    public void keyReleased(KeyEvent ev);
    public void keyTyped(KeyEvent ev);
}
```

创建好监听器后，还需要将监听器注册到对应的组件上才能实现组件上的事件监听。一般使用组件的 addXXXListener 方法，如：

```
public void add<ListenerType>(<ListenerType>listener);
```

注销监听器的方法：

```
public void remove<ListenerType>(<ListenerType>listener);
```

4. 事件适配器

Java 语言为一些 Listener 接口提供了适配器（Adapter）类。可以通过继承事件所对应的 Adapter 类，重写需要方法，无关方法不用实现。事件适配器为我们提供了一种简单的实现监听器的手段，可以缩短程序代码。由于 Java 的单一继承机制，当需要多种监听器或此类已有父类时，就不能采用事件适配器了。

值得注意的是只有接口存在多个方法时，才有相应的适配器存在。java.awt.event 包中含有的事件适配器包括以下几个：

（1）ComponentAdapter 组件适配器。

（2）ContainerAdapter 容器适配器。

（3）FocusAdapter 焦点适配器。

（4）KeyAdapter 键盘适配器。

（5）MouseAdapter 鼠标适配器。

（6）MouseMotionAdapter 鼠标运动适配器。

（7）WindowAdapter 窗口适配器。

5. 事件处理示例

（1）单击事件处理

组件 Button、List、TextField 等都产生单击按钮事件 ActionEvent，与该事件对应的事件监听器接口是 ActionListener，该接口定义的唯一的事件处理方法是 actionPerformed(ActionEvent evt)。对于 ActionEvent 事件的处理步骤如下。

①对有关组件，利用如下方法注册事件：

addActionListener(ActionListener listener);

②对事件进行处理。即实现 ActionListener 接口 actionPerformed(ActionEvent evt)方法。Java 语言并不要求事件监听器一定是包含事件源的容器对象，只要一个对象实现了事件监听器接口就可以成为事件监听器。实现事件监听器的示例代码如下：

```
class MyListener implements ActionListener{
    组件对象.addActionListener(事件监听器对象) ;
        public void actionPerformed(ActionEvent e){
        //方法体
    }
}
```

如果以匿名内部类方式实现，则示例代码如下：

```
组件对象.addActionListener(new ActionListener(){
    public void actionPerformed(ActionEvent e){
        //方法体
    }
});
```

（2）选项事件处理

组件 JComboBox、Checkbox、List 等都产生选项事件 ItemEvent，与该事件对应的事件监听器接口是 ItemListener，该接口所定义的方法是 itemStateChanged(ItemEvent evt)。

**例 8-2**　选项事件示例。

```
package com.cqcet.java.chap08;
import java.awt.*;
import java.awt.event.*;
import javax.swing.*;
public class Exam8_2 {
    JComboBox combo;
    JTextField txt;
    public static void main(String[] args) {
        new Exam8_2();
    }
    public Exam8_2() {
        JFrame win = new JFrame("选项事件示例");
        String[] items = { "硕士研究生", "大学本科", "大学专科", "高中" };
        JPanel pan = new JPanel();
        combo = new JComboBox(items);
        combo.setForeground(Color.blue);    //用蓝色显示可选项的值
        txt = new JTextField(14);
        pan.add(combo);
        pan.add(txt);
        win.add(pan);
        //以匿名内部类方式实现事件监听器
```

```
            combo.addItemListener(new ItemListener() {
                public void itemStateChanged(ItemEvent ie) {
                    String str = (String) combo.getSelectedItem(); //获得 combo 中选择的项
                    txt.setText(str); //在文本框中显示用户所选项
                }
            });
            win.setDefaultCloseOperation(JFrame.EXIT_ON_CLOSE);
            win.setSize(300, 150);
            win.setVisible(true);
        }
    }
```

上述程序的功能显示在如图 8-8 所示的窗体中，当用户在组合框的下拉列表中选择一个值后，事件监听器则将在组合框旁边的文本框内显示所选的值。

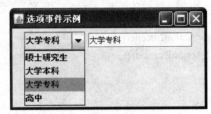

图 8-8    程序运行结果

### 8.3.5    应用实践

编写应用程序，实现猜数字游戏。运行界面如图 8-9 所示。通过一个按钮产生 1~100 之间的随机数。然后在输入文本框中，随机输入数字，单击"确定"按钮后，上方提示文本框中提示猜大了，还是猜小了，根据提示，不断输入猜的数字，直到猜对。

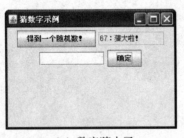

（a）数字猜大了

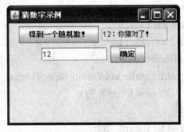

（b）猜对了

图 8-9    猜数字游戏程序运行画面

# 任务小结

窗体 JFrame 作为 Swing 的顶层容器，从 Frame 类派生而来。创建窗体后，通过调用它的 setSize 方法设置其大小，通过调用它的 setLocation 方法设置窗体出现的位置，通过调用它的 setDefaultCloseOperation 方法来设置窗体关闭方式，最终如果希望显示这个窗体，还需要调用它的 setVisible 方法来设置它是否显示出来。

JPanel 可作为容器容纳其他组件，为放置组件提供空间。但它不单独存在，必须放在其他容器中，如 JFrame。Swing 组件占用的系统资源较少，视觉上比 AWT 组件美观，跨平台性更好。所有 Swing 组件都包含在 Java 扩展包 javax.swing 包中。常用的如 JLabel、JButton、JTextField、JList、JMenu 等。

为了使图形用户界面具有良好的平台无关性，Java 语言提供了布局管理器来管理组件在容器中的布局，而不直接设置组件的位置和大小。常用的布局管理器有 BorderLayout、FlowLayout、GridLayout 等。

在 Java 的 GUI 程序中，事件的处理非常重要。如果没有事件处理机制，图形用户界面不能响应用户的任何操作。Java 中的事件处理机制采用了事件监听的方法。对于不同的事件，Java 采用不同的事件类和相应的接口进行处理。

# 练习作业

1. 应用图形用户界面的知识动手编写一个记事本或日记本的程序。
2. 创建 GUI 程序，实现加减乘除运算器的功能
3. 为 8.2.5 节中创建的图形用户界面，添加事件处理程序，完成相应的功能。如选择"添加名片"，可以通过在右方输入信息，单击"添加"按钮，可以保存相应信息，并且把姓名添加到"名片列表"中。单击"查看已有名片"，通过在"名片列表"中选择已有的名片，可以在右方显示出相应的信息。

# 附录

## 附录 A    Java 编程规范

### 1. 命名规范

命名规范使得程序更易理解，可读性更强。并且能够提供函数和标识符的信息。

（1）文件命名规范

对系统的文件命名方式有待于根据实际业务决定。java 程序使用如下的文件名后缀：Java 源文件（.java）和 Java 字节码文件（.class）。

（2）包命名规范

包名应该唯一，它的前缀可以为任何小写的 ASCII 字符，但必须是顶级域名，目前包括 com、edu、gov、mil、net、org，或者 ISO 标准 3166/1981 中两个字符的国别代码。包名接下来的部分按照公司内部的命名规范，这些规范指出了某种目录名，主要包括部门、项目机器或者登录名等。

（3）类命名规范

类名应该是名词，并且是大小写混合的，首字母要大写。尽量保证类名简单并且描述性强，避免使用只取单词首字母的简写或者单词的缩写形式，除非缩写形式更常用，如 HTML 等。文件名必须和 public 的类名保持一致，包括大小写一致。

（4）接口命名规范

接口命名方式与类命名方式相同。

（5）方法命名规范

方法名应该为动词，并且是大小写混合，首字母要小写，其他单词首字母大写。如：

String getNoticeNo();

（6）变量命名规范

变量以及所有的类实例应为首字母小写的大小写混合形式，第二个单词的首字母大写。变量名应该尽可能的短小，但要有意义，便于记忆，尽可能做到见名知意。除了临时变量外，应该尽量避免使用只有一个字母的变量名，而临时变量一般来说：i，j，k，m，n 代表整型变量；c，d，e 代表字符型变量。

（7）常量命名规范

声明为常量的变量或者 ANSI 常量应该全部为大写字母，并且每个单词间用下划线隔开。

### 2. 注释规范

Java 提供了两种类型的注释：程序注释和文档注释。程序注释是由分隔符/*...*/和//隔开的部分，这些注释和 C++中的注释一样。文档注释是 Java 独有的。由分隔符/**...*/隔开。使用 javadoc 工具能够将文档注释抽取出来形成 HTML 文件。程序注释主要是对程序的某部分具体实现方式的注释；文档注释是对程序的描述性注释，主要是提供给不需要了解程序具体实现的开发者使用。注释中可以描述一些精妙的算法和一些不易理解的设计思想，但应该避免那些在程序代码中很清楚地表达出来的信息。尽可能地避免过时的信息，错误的注释比没有注释更有害，经常性的注释有时也反映出代码质量的低下。

程序注释有四种格式：块注释、单行注释、跟随注释、行尾注释。

（1）块注释：主要用于描述文件、方法、数据结构和算法。一般在文件或者方法定义之前使用。也可以用在方法定义里面，此时它必须与它所描述的代码具有相同的缩进形式。块注释应该用一个空行开头，以便于代码部分区分开来。

（2）单行注释：比较短的注释可以放在一行中，但必须与它所跟随的代码有相同的缩进。如果注释一行放不下，那么必须按照块注释的格式来写。

（3）跟随注释：非常短的注释可以和它所描述的代码放在同一行，但要保证代码和注释之间有足够的间隔。在同一块代码中不止一个这样的注释时它们应该对齐。

（4）行尾注释：行尾注释不能用在多行文本注释中，但它可以将多行代码注释掉。注释标记"//"能够注释一行或者该行由"//"开始直到行尾的部分。

文档注释描述了 Java 类、接口、构造方法等。每个类、接口或者成员只在声明的地方之前有一个文档注释。最外层的类或者接口的文档注释不用缩进，但它的成员的文档注释与成员的声明具有相同的缩进格式。

3. 修饰符规范

按照 Java 语言规范，修饰符按如下顺序组织：

public
protected
private
abstract
static
final
transient
volatile
synchronized
native
strictfp

4. 声明规范

（1）变量声明

每行定义一个变量，并在声明局部变量的时候初始化变量。在 for 循环里的循环变量可以在 for 语句里面定义。数组的[]应该放在类型名的后面，而不是变量名的后面。

（2）类和接口声明

类和接口的声明应该遵循以下规范：

● 在方法名和参数列表的圆括号以及括号后的第一个参数间都没有空格。
● 大括号"{"必须与声明语句放在同一行。
● 大括号"}"必须与声明语句有相同的缩进格式。
● 如果类或接口实现内容为空，则可以将"}"放在"{"后面。

● 方法之间用一个空行隔开。

5. 语句规范

不允许出现空语句的情况，如一行里只有一个分号或者一个语句后面连续出现几个分号。不允许出现无意义的语句。

（1）每行最多包含一个语句。

（2）组合语句使用大括号括起来。如果语句是控制语句的一部分时，所有的语句都要用大括号围起来，即使是一个语句，例如在 if-else 或者 for 语句中。

（3）return 语句在有返回值时不需要使用圆括号。

6. 缩进规范

可使用编辑工具（如 Eclipse）的代码格式化功能实现，注意设置。使用无代码格式化功能的编辑器时，必须严格按照此规范编写。

每一级缩进都要在上一级的基础上缩进 4 个字符，不允许使用 Tab 键来进行缩进。

7. 代码长度

可执行语句的最大行数是 120，Java 源文件最大行数是 2000，方法、构造方法最多字符数为 120，匿名内部类的最大行数为 120，参数的最大个数为 7。

# 附录 B　Java 相关词汇

abstract class　抽象类，不需要实例化的类，一般需要被进行扩展继承。

abstract method　抽象方法，即不包含任何功能代码的方法。

access modifier　访问控制修饰符，用来修饰 Java 中类以及类的方法和变量的访问控制属性。

anonymous class　匿名类，当你需要创建和使用一个类，而又不需要给出它的名字或者再次使用的使用，就可以利用匿名类。

anonymous inner classes　匿名内部类，是没有类名的局部内部类。

API　应用程序接口，提供特定功能的一组相关的类和方法的集合。

array　数组，存储一个或者多个相同数据类型的数据结构，使用下标来访问。在 Java 中作为对象处理。

automatic variables　自动变量，也称为方法局部变量 method local variables，即声明在方法体中的变量。

AWT　抽象窗口工具集，一个独立的 API 平台提供用户界面功能。

base class　基类，被扩展继承的类。

blocked state　阻塞状态，当一个线程等待资源的时候即处于阻塞状态。

call stack　调用堆栈，调用堆栈是一个方法列表，按调用顺序保存所有在运行期被调用的方法。

casting　类型转换，即一个类型到另一个类型的转换，可以是基本数据类型的转换，也可以是对象类型的转换。

char　字符，容纳单字符的一种基本数据类型。

child class　子类，见类 derived class。

class 类，面向对象中的最基本、最重要的定义类型。

class members 类成员，定义在类一级的变量，包括实例变量和静态变量。

class methods 类方法，通常是指静态方法，即不需要实例化类就可以直接访问使用的方法。

class variable 类变量，见静态变量 static variable。

collection 容器类，可以看作是一种可以储存其他对象的对象，常见的容器类有 Hashtable 和 Vector。

collection interface 容器类接口，定义了一个对所有容器类的公共接口。

collections framework 容器类构架，接口、实现和算法三个元素构成了容器类的架构。

constructor 构造函数，在对象创建或者实例化时候被调用的方法。通常使用该方法来初始化数据成员和所需资源。

containers 容器，是一种特殊的组件，它可以容纳其他组件。

declaration 声明，即是在源文件中描述类、接口、方法、包或者变量的语法。

derived class 继承类，是扩展继承某个类的类。

encapsulation 封装性，体现了面向对象程序设计的一个特性，将方法和数据组织在一起，隐藏其具体实现而对外体现出公共的接口。

event classes 事件类，所有的事件类都定义在 java.awt.event 包中。

event sources 事件源，产生事件的组件或对象称为事件源。事件源产生事件并把它传递给事件监听器 event listeners。

exception 异常，在 Java 中有两方面的意思。首先，异常是一种对象类型。其次，异常还指的是应用中发生的一种非标准流程情况，即异常状态。

extensibility 扩展性，指的是面向对象程序中，不需要重写代码和重新设计，能轻易的增强源设计的功能。

finalizer 收尾，每个类都有一个特殊的方法 finalizer，它不能被直接调用，而被 JVM 在适当的时候调用，通常用来处理一些清理资源的工作，因此称为收尾机制。

garbage collection 垃圾回收机制，当需要分配的内存空间不再使用的时候，JVM 将调用垃圾回收机制回收内存空间。

guarded region 监控区域，一段用来监控错误产生的代码。

heap 堆，Java 中治理内存的结构称作堆。

identifiers 标识符，即指定类、方法、变量的名字。Java 是大小写敏感的语言。

import statement 引入语法，使你可以不使用某个类的全名就可以使用这个类。

inheritance 继承，是面向对象程序设计的重要特点，它是一种处理方法，通过这一方法，一个对象可以获得另一个对象的特征。

inner classes 内部类，与一般的类相似，只是它被声明在类的内部，甚至某个类方法体中。

instance 实例，类实例化以后成为一个对象。

instance variable 实例变量，定义在对象一级，它可以被类中的任何方法或者其他类中的方法访问，但是不能被静态方法访问。

interface 接口，定义的是一组方法或者一个公共接口，它必须通过类来实现。

Java source file    Java 源文件，包含的是 Java 程序语言计算机指令。

Java Virtual Machine（JVM）    Java 虚拟机，解释和执行 Java 字节码的程序，其中 Java 字节码由 Java 编译器生成。

Javac Java    编译器，Javac 是 Java 编译程序的名称。

JVM Java    虚拟机。

keywords    关键字，即 Java 中的保留字，不能用作其他的标识符。

layout managers    布局管理器，布局管理器是一些用来负责处理容器中的组件布局排列的类。

local inner classes    局部内部类，在方法体中，或者甚至更小的语句块中定义的内部类。

local variable    局部变量，在方法体中声明的变量。

member inner classes    成员内部类，定义在封装类中的没有指定 static 修饰符的内部类。

members    成员，类中的元素，包括方法和变量。

method    方法，完成特定功能的一段源代码，可以传递参数和返回结果，定义在类中。

method local variables    方法局部变量，见自动变量 automatic variables。

modifier    修饰符，用来修饰类、方法或者变量行为的关键字。

native methods    本地方法，是指使用依靠平台的语言编写的方法，它用来完成 Java 无法处理的某些依靠于平台的功能。

object    对象，一旦类实例化之后就成为对象。

overloaded methods    名称重载方法，方法的名称重载是指同一个类中具有多个方法，使用相同的名称而只是其参数列表不同。

overridden methods    覆盖重载方法，方法的覆盖重载是指父类和子类使用的方法采用同样的名称、参数列表和返回类型。

package    包，即是将一些类聚集在一起的一个实体。

parent class    父类，被其他类继承的类。

private members    私有成员，只能在当前类被访问，其他任何类都不可以访问之。

public members    公共成员，公共成员可以被任何类访问，而不管该类属于哪个包。

runtime exceptions    运行时异常，是一种不能被你自己的程序处理的异常。通常用来指示程序 bug。

source file    源文件，是包含 Java 代码的一个纯文本文件。

stack trace    堆栈轨迹，如需要打印出某个时间的调用堆栈状态，将产生一个堆栈轨迹。

static inner classes    静态内部类，是内部类最简单的形式，它与一般的类很相似，除了被定义在了某个类的内部。

static methods    静态方法，声明一个方法属于整个类，即它可以不需要实例化一个类就可以通过类直接访问。

static variable    静态变量，也可以称作类变量。它类似于静态方法，也是可以不需要实例化类就可以通过类直接访问。

super class    超类，被一个或多个类继承的类。

synchronized methods    同步方法，是指明某个方法在某个时刻只能由一个线程访问。

thread    线程，是一个程序内部的顺序控制流。

time-slicing 时间片，调度安排线程执行的一种方案。

variable access 变量访问控制，是指某个类读或者改变一个其他类中的变量的能力。

visibility 可见性，体现了方法和实例变量对其他类和包的访问控制。

# 附录 C 课程案例介绍

某公司主要从事教育培训事业，公司经过 10 多年的发展，当前培训学员 1 万人，培训员工 1000 人左右。该培训机构在几个重要城市都设置了办学点，从地域分布上讲，相对分散，所以信息化系统对该公司来说显得非常重要。现针对公司员工的工资管理进行信息化管理。

主要实现的功能如下：

员工的分类：根据培训员工的工作期限及性质，公司给培训员工分为 A、B、C 三类，A 类员工是为公司服务了 8 年以上的员工，B 类员工主要是为公司工作了不足 8 年的正式员工，C 类员工为该公司的临时员工。

A 类员工的基本信息：员工工号、姓名、性别、出生年月、参加工作日期、所属部门、职务、职称等信息。

B 类员工的基本信息：工号、姓名、性别、出生年月、工作日期、所属部门、职务、职称等。

C 类员工的基本信息：工号、姓名、性别、出生年月、所属部门、职务。

A 类员工的工资包含：基本工资、岗位工资、津贴、奖金

B 类员工的工资包含：基本工资、津贴、月工作量工资

C 类员工的工资包含：月工作量工资

针对 A、B、C 三类员工进行不同的工资录入、工资查询管理，最好能够按照月份进行工资汇总统计功能。

提供 A、B、C 三类员工的信息查询功能。

为了提高员工的工作积极性，提供系统的猜数字游戏，为大家业余时间提供放松的机会。

平台要求：

- Java 平台，运行模式，CLI 界面或者 GUI 界面
- 数据存储：不限

# 参考文献

[1] 黄能耿. Java 程序设计及实训. 北京：机械工业出版社，2011.

[2] 马力. Java 基础案例教程. 北京：电子工业出版社，2010.

[3] 马迪芳，徐保民，陈旭东. Java 面向对象程序设计. 北京：清华大学出版社，2009.

[4] 关忠. Java 程序设计实例教程. 北京：清华大学出版社，2011.

[5] 汪远征，周巧婷. Java 语言程序设计. 北京：机械工业出版社，2010.

[6] 丁永卫，谢志伟，高振栋. Java 程序设计实例与操作. 北京：航空工业出版社，2011.

[7] 张晓龙. Java 程序设计基础. 北京：清华大学出版社，2007.